互联网+汽车保险与理赔500问

刘春晖　沙恒　主编

電子工業出版社
Publishing House of Electronics Industry
北京 • BEIJING

内容简介

本书系统介绍了汽车保险与理赔中的核心内容：汽车保险基础、汽车保险产品、汽车保险承保、汽车保险理赔、车险事故的查勘与定损、互联网保险以及近几年车险新变化。以问答形式对汽车交强险和商业险条款、保险理赔、现场查勘、事故车辆的定损做了详细的解读。

本书内容贴近实际，涵盖汽车保险理赔定损的全部核心内容，具备较强的实用性和指导性。本书可供保险公司车险估损理赔人员、车主及汽车驾驶人员使用，本书也可作为职业院校保险专业或汽车类专业的教学用书。

图书在版编目（CIP）数据

互联网+汽车保险与理赔500问/刘春晖，沙恒主编. —北京：电子工业出版社，2017.12

ISBN 978-7-121-33174-9

Ⅰ.①互… Ⅱ.①刘… ②沙… Ⅲ.①互联网络－应用－汽车保险－理赔－中国－问题解答
Ⅳ.①F842.63-39

中国版本图书馆CIP数据核字（2017）第303701号

策划编辑：管晓伟
责任编辑：管晓伟
特约编辑：李兴 等
印 刷：北京虎彩文化传播有限公司
装 订：北京虎彩文化传播有限公司
出版发行：电子工业出版社
北京市海淀区万寿路173信箱 邮编：100036
开 本：787×1092 1/16 印张：11.25 字数：360千字
版 次：2017年12月第1版
印 次：2020年7月第4次印刷
定 价：49.90元

凡所购买电子工业出版社图书有缺损问题，请向购买书店调换。若书店售缺，请与本社发行部联系，联系及邮购电话：（010）88254888，88258888。

质量投诉请发邮件至zlts@phei.com.cn，盗版侵权举报请发邮件至dbqq@phei.com.cn。

本书咨询联系方式：（010）88254460；guanphei@163.com；197238283@qq.com。

FOREWORD 前言

2009~2015年，中国汽车产销量快速增长，2015年汽车销量接近2500万辆。与之相对应，中国汽车保有量持续增长，从2007年的0.57亿辆达到2015年的1.72亿辆，仅次于美国居世界第二，翻了不到两番，年复合增长率约14.8%。其中私家车保有量1.24亿辆，汽车驾驶人超过2.8亿人。照此速度发展，预计2020年中国汽车保有量将突破3亿辆。

假设汽车平均售价15万元，单车保险费用约为3000元/年，保守估计机动车辆保险的市场规模在年均5000亿元左右。考虑到我国千人汽车保有量仍低于欧美等发达国家，未来几年我国的汽车保有量仍将以每年1500万~2000万辆的速度增长，车险市场的规模未来有望突破万亿元。

随着汽车工业的蓬勃发展，各类交通事故频频发生，汽车保险业和理赔业也得到了迅速发展。汽车保险是与汽车联系最密切的售后服务产品，我国法律规定，凡是上路行驶的机动车都必须购买交强险，这是最基本的汽车保险。除了交强险外，还有商业保险为汽车提供更大的保障。可以这么说，有汽车就有汽车保险，汽车保险与老百姓的生活息息相关。在这种情况下，我国急需汽车保险和理赔方面理论知识扎实、实践技能熟练的专业人才。

本书系统介绍了汽车保险与理赔中的核心内容：汽车保险基础、汽车保险产品、汽车保险的承保、汽车保险理赔、车险事故的查勘与定损、互联网保险以及近几年车险新变化。以问答形式对汽车交强险和商业险条款、保险理赔、现场查勘、事故车辆的定损等方面做了详细的解读。

本书由刘春晖、沙恒主编，参加本书编写工作的还有李祖深、苏朝辉、刘宝君、王如兵、贺红岩、高春刚、刘凤阁、魏代礼、徐长钊、孙长勇、王学军、刘玉振、方玉娟、张坤。

在本书编写的过程中，除了所列参考文献外，还参考了许多发表在网站上的相关文章的内容，以及部分保险公司的培训内容，在此对原作者、编译者表示由衷的感谢。

CONTENTS

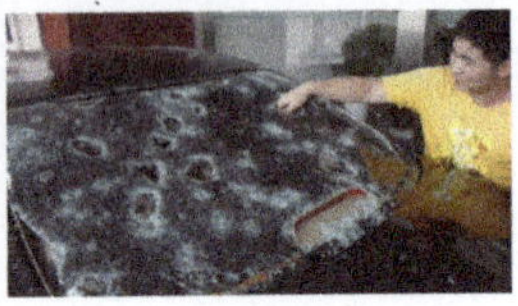

目　录

目 录

第二章 汽车保险产品/ 19

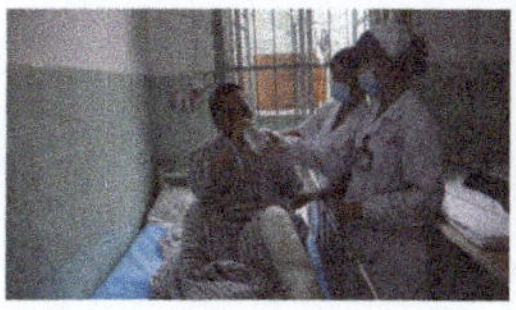

CONTENTS

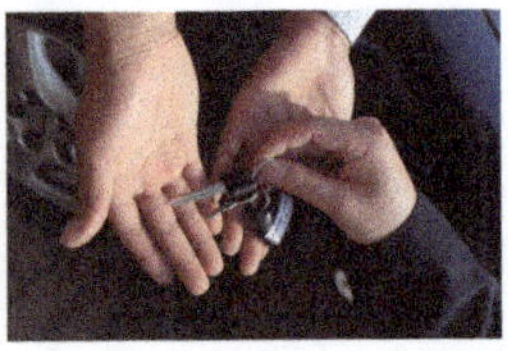

目　录

CONTENTS

目　录

CONTENTS

目 录

CONTENTS

CHAPTER

第一章

汽车保险基础

第一节 风险与保险

1-1 什么是风险?

保险理论中的风险（图1-1），通常是指损害发生的不确定性，包括三层含义：一是风险是一种随机事件，有可能发生也有可能不发生；二是风险一旦发生，其结果是损失，而不可能是获利；三是风险事件发生所造成的损失是不确定的，可能大也可能小。

图 1-1　风险

1-2 风险的构成要素有哪些?

风险由风险因素、风险事故和损失三部分组成。

（1）风险因素　风险因素是指引起或促使风险事故发生的条件和起因，是造成损失的间接或内在的原因。根据其性质，通常把风险因素分为实质风险因素、道德风险因素和心理风险因素三种。

实质风险因素也称物质风险因素，是指有形的并能直接影响事物物理功能的因素，某一标的本身所具有的足以引起或增加损失机会和损失幅度的客观原因和条件。如汽车制动系统的失灵、地面的异常变化、恶劣的气候、疾病的传染、环境的污染等。

道德风险因素是指与人的品德有关的无形因素。如欺诈、纵火、贪污、盗窃、偷工减料、抢道行驶和违规超车等。

心理风险因素是指与人的心理状态有关的无形因素，如酒后驾车、驾驶故障车辆、疲劳驾驶、依赖保险心理、外出忘记锁门、工程设计出了差错、电线陈旧没有及时更换等。

（2）风险事故　风险事故是指造成损失的直接或外在的原因。风险事故意味着风险已发生，它使风险发生的可能性转变成了现实性。

（3）损失　损失是指非故意的、非计划的、非预期的经济价值减少。判断是否属于风险管理中的损失有两个要件：一是经济价值的减少必须以货币来衡量；二是经济价值的减少是非故意、非计划和非预期的。损失可分为直接损失和间接损失。

风险因素、风险事故、损失之间的关系如图1-2所示，即风险因素可能引起风险事故，而风险事故必然导致损失的发生，三者之间是一个统一体，缺一不可。

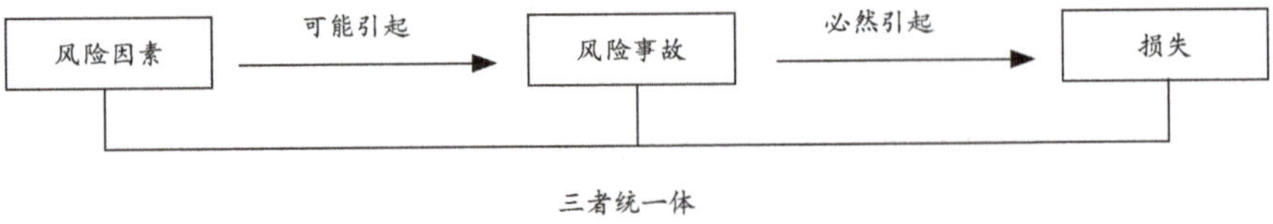

图 1-2　风险因素、风险事故、损失三者关系示意图

1-3　车主面临的主要风险有哪些?

1）自身车辆的损失。

2）车上和车下人员的伤亡损失。

3）自身车辆以外的财产损失，包括车上人员财产、车下第三者的财产和公共财产。

1-5　风险按产生性质分为哪些类型?

按风险的性质，可将风险分为纯粹风险与投机风险。

纯粹风险是指一旦发生风险事故只有损失机会而无获利可能的风险，如自然灾害（图1-4）。纯粹风险所导致的结果只有两种：损失或无损失。纯粹风险的变化较为规则，有一定规律性，可利用数理统计法计算其发生频率、损失程度。保险公司所承保的风险基本上是纯粹风险。

图 1-4　自然灾害造成的车辆损失

投机风险是指既有损失可能又有获利希望的风险，如赌博。投机风险所导致的结果有三种：损失、无损失和盈利。投机风险一般都是不规则的，无规律可循，难以利用数理统计的方法加以测算。保险人通常将投机风险视为不可保风险。

1-4　风险按产生原因分为哪些类型?

按风险产生原因，可将风险分为自然风险、社会风险、政治风险和经济风险。

自然风险是指自然力的不规则变化引起的种种现象所造成的财产损失及人身伤害的风险，如风灾、雹灾（图1-3）、火灾、地震和海啸等。在所有风险中，自然风险所占比重比较大，它已成为保险中承保最多的风险。

图 1-3　冰雹造成车辆损失

社会风险是指个人或团体的故意或过失行为、不当行为等所导致的损害风险，如盗窃、抢劫、玩忽职守等。

政治风险是指由于政局的变化、政权的更替、政府法令和决定的颁布实施等政治原因导致损失的风险，如对外投资风险。

经济风险是指在生产经营过程中，因各种因素的变化或估计错误，导致经济损失的风险，如市场预期失误、经营管理不善、消费需求变化、通货膨胀、汇率变动等所导致的经济损失。

1-6 风险按风险损害对象分为哪些类型?

按风险损害对象，可将风险分为财产风险、人身风险、责任风险和信用风险。

财产风险是指导致各种财产发生损毁、灭失和贬值的风险，如房屋发生火灾的风险（图1–5）。

人身风险是指由于人的生老病死残和自然、政治、军事、社会等原因给人们带来的风险，如人身意外伤残的风险。

责任风险是指由于侵权行为造成他人的财产损失或人身伤害，根据法律规定应承担经济赔偿责任的风险，如汽车肇事导致第三者受伤的风险。

信用风险是指权利人因义务人不履行义务而导致损失的风险，如贷款人因借款人不按期还款而遭受损失的风险。

图 1–5 汽车 4S 店发生火灾

1-7 风险包含的含义是怎样的?

风险学说中所说的风险包含三重含义，一是客观存在。常言道，天有不测风云，人有旦夕祸福（图1–6）。在现实生活中，不管是不测风云，还是旦夕祸福，都是社会和自然界存在的一种偶发事件，是一种客观存在。二是风险的发生必然会对人身及财产构成威胁，并造成损害。风险就意味着会带来损失，无损失就不能称为风险。三是风险引起的损失具有不确定性，风险是一种随机现象。也就是说，风险是否发生，什么时间发生，在什么地点发生，会带来多大损失，这些都具有不确定性，事先都是无法预测的。

风险总是与损失和不确定性相关联。也正是因为损失发生的不确定性引起了人们对风险、风险管理的重视。

图 1–6 风险是一种客观存在

1-8 怎样进行风险的管理?

风险的管理面对种类繁多、时刻威胁人们自身和财产安全的风险，人们在长期的生活实践中，不断分析、总结，进行了识别风险、控制风险和处理风险的一系列工作，获得了较大的安全保障，这就是风险的管理。具体地讲，风险管理（图1–7）是指人们对各种风险的认识、控制和处理的主动行为，它要求人们研究风险发生和变化规律，估算风险对社会经济生活可能造成损害的程度，并选择有效的手段，有计划有目的地处理风险，以期用最小的成本，获得最大的安全保障。

图 1–7 汽车保险是风险管理的一种手段

1-9 风险管理的方法有哪些?

风险管理主要包括风险识别、风险衡量（或风险评估）、风险处理、风险管理效果评价四个实质性阶段。其中，风险识别是风险管理的第一步（基础），而风险处理是风险管理中最为重要的环节。

风险处理方法分为控制型和财务型两大类，而每一类中又包含了若干个具体方法，如图1-8所示。需要注意的是，各种方法之间既有区别又相互联系，所以，在具体运用过程中必须有机地结合起来，灵活运用。

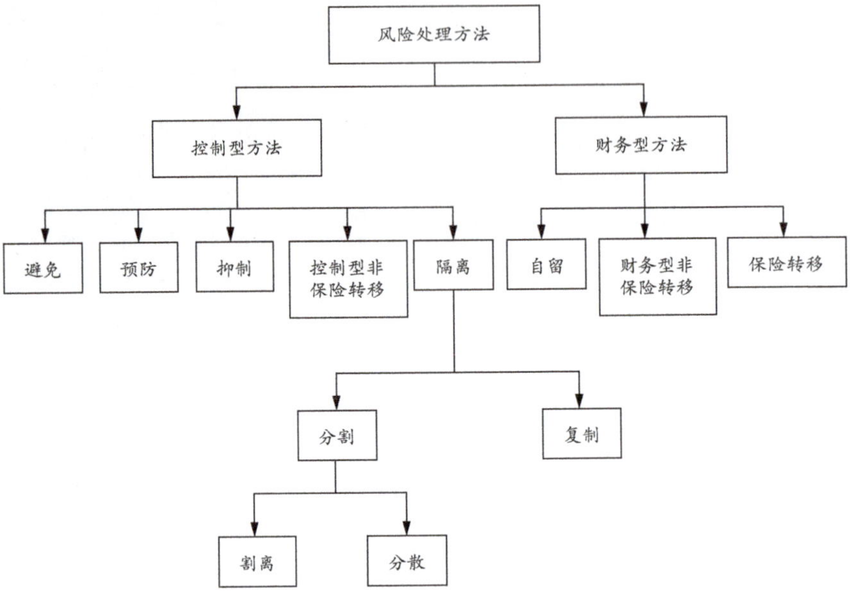

图 1-8　风险处理方法关系图

1-10　控制型风险管理方法有哪些?

控制型风险管理方法是指采取各种措施避免、防止、排除或减少风险，其目的在于改善损失的不利条件、降低损失频率、缩小损失幅度。

常见的控制型方法有：风险避免、风险预防、风险抑制、风险集合和风险分散等。

1-11　什么是风险避免?

风险避免是指放弃或根本不去做可能发生风险的事情。这是一种最彻底的风险处理方法，也是一种极消极的方法，容易失去与该事情相关的利益。另外，在现实经济生活中，绝大多数风险是难以避免的。

采用避免方法通常在两种情况下进行：一是某特定风险所致损失频率和损失幅度相当高时；二是在处理风险时，其成本大于其产生的效益时。

1-12　什么是风险预防?

风险预防是指在风险发生前为了消除或减少可能引发损失的各种因素而采取的处理风险的具体措施（图1-9），其目的在于通过消除或减少风险因素降低损失发生频率。风险预防措施可分为：工程物理法和人类行为法。工程物理法就是损失预防措施侧重于物质因素的一种方法，如防盗装置的设置；人类行为法指在人们行为教育方面设置预防措施，如安全教育。

图 1-9　系好安全带减少碰撞造成伤害

1-13 什么是风险抑制?

风险抑制是指在损失发生时或之后为缩小损失幅度而采取的各项措施，如发生火灾后应及时灭火（图1-10）。它是处理风险的有效技术。

图 1-10　汽车着火后及时灭火

1-14 财务型风险管理方法有哪些?

财务型风险管理方法是指采用财务技术来处理风险，目的在于建立财务基金消除损失的成本。常见的财务型方法有：风险自留和风险转嫁。

1）风险自留是指企业自行承担一部分或全部风险的方法。风险自留可分为主动自留和被动自留。当风险管理者经过对风险的衡量，考虑各种风险处理方法后，决定不转移风险的，为主动自留；当风险管理者没有意识到风险的存在，没有采取措施处理风险的，为被动自留。

2）风险转嫁是指企业将自己的风险转嫁给他人的方法。风险转嫁可分为保险转嫁和非保险转嫁两种。保险转嫁是指通过购买保险将风险转嫁给保险公司（图1-11），这是一种最重要最常用的风险处理方法。非保险转嫁是指通过保险以外的方式将风险转嫁给他人，如出让转嫁等。

不同的风险管理方法，具有不同的特点，应从实际出发，根据最小成本原则，择优选用或组合应用，才能取得最佳的风险管理效果。

图 1-11　汽车保险是一种风险转嫁

1-15 什么是可保风险?

可保风险（图1-12）是指保险人愿意并能够承保的风险，是符合保险人承保条件的特定风险。可保风险需符合的条件：

1）必须是纯粹风险。

2）必须使保险标的均存在遭受损失的可能。

3）必须使保险标的有导致重大损失的可能。

4）不能使大多数保险标的同时遭受损失。

5）必须具有现实的可测性。

图 1-12　可保风险

1-16 什么是保险?

《保险法》第2条规定，本法所称保险（图1-13），是指投保人根据合同约定，向保险人支付保险费，保险人对于合同约定的可能发生的事故因其发生所造成的财产损失承担赔偿保险金责任，或者当被保险人死亡、伤残、疾病或者达到合同约定的年龄、期限等条件时承担给付保险金责任的商业保险行为。

图 1-13　保险

1-17 什么是保险人?

保险人是指与投保人订立保险合同，并承担赔偿或者给付保险金责任的保险公司（图1-14）。

图 1-14　各家保险公司是保险人

1-18 什么是投保人?

投保人（图1-15）是指与保险人订立保险合同，并按照保险合同负有支付保险费义务的人。

图 1-15　车主是投保人

1-19 什么是被保险人?

被保险人是指其财产或者人身受保险合同保障，享有保险金请求权的人。

1-20 什么是受益人?

受益人是指人身保险合同中由被保险人或者投保人指定的享有保险金请求权的人。

1-21 什么是保险代理人?

保险代理人（图1-16）是根据保险人的委托，向保险人收取代理手续费，并在保险人授权的范围内代为办理保险业务的单位或者个人。

图 1-16　保险代理人

1-22 什么是保险经纪人?

保险经纪人（图1-17）是基于投保人的利益，为投保人与保险人订立保险合同提供中介服务，并依法收取佣金的单位。

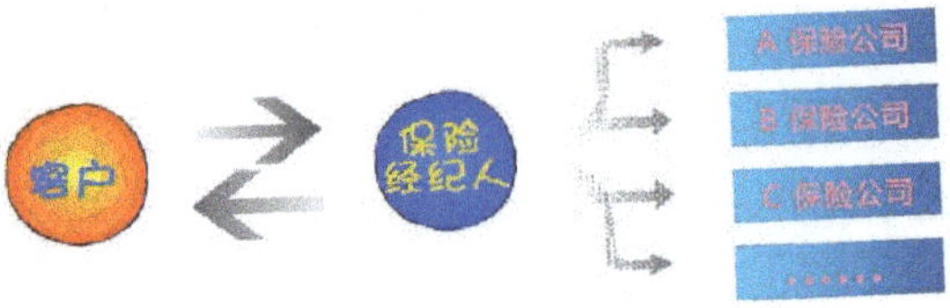

图 1-17　保险经纪人

1-23 什么是保险公估人?

保险公估人是指为保险合同中的保险人或被保险人办理保险标的的查勘、鉴定、估损、赔款理算（图1-18）并予以证明的受委托人。

图 1-18　保险公估

1-24 与保险相关的几个名词是什么？

（1）保险标的　保险标的是保险保障的目标和实体，是保险合同双方当事人权利和义务所指向的对象。

（2）保险费　保险费是投保人为转嫁风险支付给保险人的与保险责任相对应的价金。

（3）保险金额　保险金额是指保险人承担赔偿或者给付保险金责任的最高限额。

（4）保险合同　保险合同（图1-19）是投保人与保险人约定保险权利义务关系的协议。

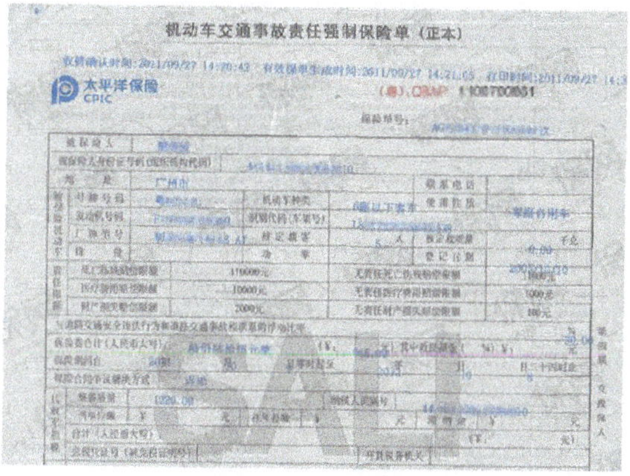
机动车交通事故责任强制保险单（正本）

太平洋保险 CPIC

图 1-19　保险合同

1-25 什么是汽车保险？

汽车保险（图1-20）是指以机动车辆为保险标的的保险，其保障范围包括车辆本身因自然灾害或意外事故导致的损失，及车辆所有人或其允许的合格驾驶人因使用车辆发生意外事故所负的赔偿责任。

图 1-20　汽车保险

1-26 汽车保险的基本职能是什么？

汽车保险的基本职能主要是补偿损失（图1-21），即汽车保险通过保险组织收取社会上分散的保险费，建立保险基金，用来对因自然灾害和意外事故造成的车辆损毁给予经济上的补偿，以保障社会生产的持续进行，安定人民生活，提高人民的物质福利。这种赔付原则使已经存在的社会财富即车辆、因灾害事故所导致的实际损失，在价值上得到了补偿，使其使用价值得以恢复。汽车保险的这种补偿职能，只是对社会已有的财富进行了再分配，而不能增加社会财富。从社会的角度来讲，个别出险车辆的被保险人所得的赔偿，正是没有受损害的多数被保险人的所失，它是由全体投保人给予的补偿。

图 1-21　保险补偿损失的职能

1-27 汽车保险的补偿职能的内容有哪些？

投保人买汽车保险不是为了挣钱，而是为了获得保险保证，在发生损失后获得补偿。汽车保险补偿职能的内容如图1-22所示。

汽车保险补偿职能：

- 补偿由于自然灾害和意外事故所致的保险车辆经济损失
- 对被保险人在保险期内发生的与交通事故相关的人身伤亡事故给予经济赔偿
- 承担被保险人因车辆事故对受害人所负的经济赔偿的民事责任
- 商业信用和银行信用的违约责任

图 1-22　汽车保险补偿职能的内容

1-28 汽车保险的派生职能的内容有哪些?

汽车保险的派生职能是在不同经济形态下，由基本职能派生出来的。汽车保险的派生职能主要有财政性分配职能、金融性融资职能和风险管理性防灾防损职能，具体如图1-23所示。

汽车保险的派生职能

- 财政性分配：它是指保险企业参与对一部分社会总产品分配的职能，并能为国家在建设方面筹资。通过向投保人收取保险费而形成保险基金，实际上是以货币形态表现一定的社会总产品，是社会后备基金体系的重要组成部分。向保险公司交纳保险费是全体投保人的义务，而从保险公司获取损失补偿的只是少数出险车辆或人身受到伤害的被保险人与第三者。这样，一部分社会总产品就以保险公司为中介，在被保险人之间进行分配，即保险标的未发生灾害事故的被保险人原来占有的一部分社会总产品的价值转移到保险标的发生灾害事故的被保险人手里，保险便实现了对一部分社会总产品价值的分配。
- 金融性融资：汽车保险有融资的功能，即将保险组织的可运用资金，重新投入社会再生产的过程，以便实现保险资金的保值和增值。由于保险人经营的连续性和保险事件的随机性，在保险人的业务经营中会有一部分资金处于暂时的闲置状态，这种闲置的资金构成了保险人的可运用资金。保险公司作为金融机构的组成部分，其融资的方式主要有两种：一种是将保险基金存入银行，通过银行以信贷方式融资；另一种是保险公司运用保险基金进行直接投资或放款，使部分保险资金投入生产或建设领域。
- 防灾防损：汽车保险中保险人和被保险人有着共同的经济利益，即减少灾害、事故的发生，尽量避免保险车辆的损失和人员伤亡。保险人为了减少赔款、提高经济效益，会从日常业务中掌握保险车辆的位置和分布，分析各种灾害事故造成损失的资料，对灾害原因有较确切的分析和结论，同时会运用保险财力和专业人员的技术力量，提出防灾防损方案。通过这种风险管理职能，即保险企业参与社会、企业、家庭和个人的风险管理，提供防灾、防损、咨询和技术服务的职能，从而减少车辆的损失和社会成员的人身伤害，为保险企业自身效益和社会效益的提高创造有利条件。

图 1-23　汽车保险的派生职能

1-29 车辆本身损失常见原因有哪些?

车辆本身损失常见原因有：碰撞（图1-24）、倾覆、坠落、被外界物体砸、火灾、水灾、雹灾、其他自然灾害、爆炸、自燃、盗窃、抢劫、玻璃破碎、车辆停驶利润、车身划痕、标准配置外的设备损坏、随车行李物品损坏和事故发生后的抢险救灾费用等。为保障以上风险，分别有相对应的保险险种，如车辆损失险、全车盗抢险、自燃险、玻璃单独破碎险、发动机特别损失险、车辆停驶损失险、车身划痕险、新增设备损失险、随车行李物品损失险等，这些都属于损失类保险，可归为财产损失保险范畴。

图 1-24　车辆碰撞损失

1-30 车辆在使用过程中常引发的责任有哪些?

车辆在使用过程中常引发的责任有：因车辆发生碰撞、倾覆、坠落、火灾等意外事故导致第三者人员或财产损害的赔偿责任（图1-25）、车上人员或财产损害的赔偿责任、因车载货物掉落而引起的第三者人员或财产损害的赔偿责任，与之相对应的一些险种，如机动车第三者责任险、车上人员责任险、车上货物责任险、车载货物掉落责任险等，这些都属于责任类保险，可归为责任保险范畴。

图 1-25　汽车保险的赔偿责任

第二节 保险合同

1-31 什么是保险合同主体?

保险合同主体是指在保险合同订立、履行过程中享有合同赋予的权利和承担相应义务的人。根据在合同订立、履行过程中发挥的作用不同，保险合同的主体分为当事人和关系人两类。当事人包括保险人和投保人，关系人包括被保险人和受益人。

1-32 什么是保险合同客体?

保险合同客体是投保人对保险标的的保险利益，表现为因保险标的的完好无损而使其受益，因保险标的的遭受损坏而使其蒙受经济损失（图1-26）。

图 1-26　交通事故蒙受经济损失

1-33 什么是保险合同内容?

保险合同内容（图1-27）是投保人、被保险人与保险人之间所约定的权利与义务及其他有关事项，用条款的方式写在保险合同中，它是双方履行合同义务、承担法律责任的依据。当保险合同生效后，双方都必须遵守合同的内容。保险合同的内容分为基本内容和约定内容。

基本内容是《保险法》规定必须列明的、涉及合同双方当事人权利义务的内容，是保险合同必不可少的组成部分。当保险合同的基本内容不能完全表达当事人双方的意愿时，当事人双方可以通过协商约定其他内容，这些称为保险合同的约定内容。

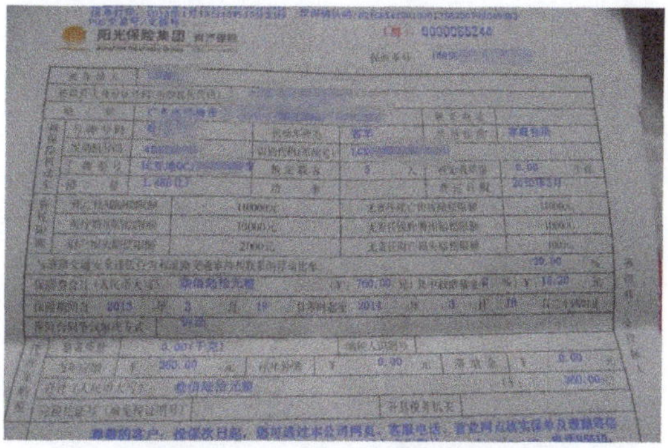

图 1-27　汽车保险合同的内容

1-34 保险合同应当包括哪些事项?

《保险法》第18条规定：保险合同应当包括下列事项（图1-28）：

1）保险人的名称和住所。

2）投保人、被保险人的姓名或者名称、住所，以及人身保险的受益人的姓名或者名称、住所。

3）保险标的。

4）保险责任和责任免除。

5）保险期间和保险责任开始时间。

6）保险金额。

7）保险费以及支付办法。

8）保险金赔偿或者给付办法。

9）违约责任和争议处理。

10）订立合同的年、月、日。

图 1-28　保险合同的事项

投保人和保险人可以约定与保险有关的其他事项。

受益人是指人身保险合同中由被保险人或者投保人指定的享有保险金请求权的人。投保人、被保险人可以为受益人。

保险金额是指保险人承担赔偿或者给付保险金责任的最高限额。

1-35 保险合同的订立是怎么回事?

保险合同的订立是指投保人和保险人在意思表示一致时双方订立保险合同的行为（图1-29）。合同的订立包括要约阶段与承诺阶段。要约阶段是投保人向保险人提出保险要求的意思表示。承诺阶段是保险人同意投保人提出的保险要求的意思表示。在保险实务中，由于保险合同是附和合同，所以投保人的要约为书面要约形式，即填写投保单，而保险人接到投保单，经审核没有异议后签字盖章，并出具保险单或保险凭证，保险合同即告成立。

图 1-29　保险合同的订立

1-36 保险合同的生效时间是怎样规定的?

保险合同的生效是指保险合同对当事人双方发生约束力，即合同条款产生法律效力。如图1-30所示，一般的合同成立即生效。但是，在保险实践中，保险合同往往约定在合同成立后的某一时间生效。同时，我国保险实务中普遍实行“次日零点起保”。所以保险合同的成立和生效往往不一致。保险合同即使已经订立，但生效前发生的保险事故，保险人不承担赔偿责任。

图 1-30　保险的生效时间

1-37 投保人可以随时解除保险合同吗？

一般情况下，投保人有随时解除保险合同的权利，可在合同生效前解除，也可在合同生效后解除。合同生效前解除的，投保人应当向保险人支付一定的手续费，保险人应当退还保险费。合同生效后解除的，保险人按短期费率收取自保险责任开始之日起至合同解除之日止期间的保险费，并退还剩余部分保险费。

但有特殊规定的保险合同，投保人是不得解除的，比如货物运输和运输工具航程（图1-31）等保险合同保险责任开始后不允许解除，强制险的保险合同不允许解除等。

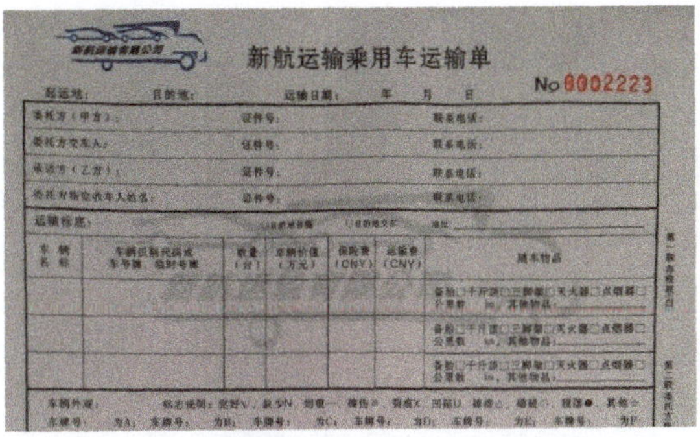
新航运输乘用车运输单

No 0002223

图 1-31　运输工具航程合同不能解除

1-38 保险人可以解除保险合同吗？

一般情况下，保险人不得随意解除保险合同。但当投保人、被保险人有违约或违法行为时，保险人也可以解除保险合同。

1-39 什么是保险合同的终止？

保险合同的终止是指保险合同双方当事人消灭保险合同确定的权利和义务的行为。常见的导致合同终止的原因有：

1）当法律规定或合同约定的事由出现时，当事人通过行使解除权使保险合同效力终止（图1-32）。

2）保险合同因保险期限到期而终止，又称自然终止，这是最常见的一种方式。

3）在保险合同有效期内，保险事故发生后，保险人依合同规定履行了赔付保险金的全部责任后使合同终止，即保险合同因义务履行而终止。

4）保险标的发生部分损失，在保险人赔偿后，合同的双方当事人都可以行使终止权使合同效力终止。

5）因非保险事故引起保险标的全部灭失而导致保险合同终止。

图 1-32　保险合同的终止

1-40 保险合同的解除与终止有哪些区别？

1）直接原因不同。解除的直接原因是一方意思的表示或解除合同的协议；而终止的直接原因往往是合同到期、合同履行完毕或保险标的灭失等（图1-33）。

图 1-33　合同的解除或终止

2）履行程度不同。解除通常是合同未到期，也未履行完毕，而是将正在生效的合同提前终止其效力；而终止通常是合同到期、合同履行完毕。

3）法律后果不同。解除是提前解除合同，存在溯及既往的问题；而终止是合同权利义务归于消灭，不存在溯及既往的问题。

1-41 保险合同的解释原则有哪些?

在保险实践中，保险双方当事人由于种种原因对保险合同往往有不同的理解，经常引发保险纠纷，此时必须依据一定的原则作为准绳，正确解释合同的含义，并使双方均认同。解释保险合同的常用原则有：文义解释（图1-34）、意图解释、有利于被保险人或受益人的解释、尊重保险惯例的解释。

图 1-34 保险合同的文义解释

1-42 保险合同争议的处理方法有哪些?

当保险合同双方对合同内容的解释产生异议，又无法达成妥协时，即产生了保险合同的争议。其处理方法通常有协商、仲裁和诉讼三种。

协商是指双方当事人本着互谅互让、实事求是的原则，在平等互利、合法的基础上自行解决争议（图1-35）。该处理方式双方气氛友好、处理事情的灵活性大并能节省仲裁或诉讼的费用。

仲裁是指双方当事人把保险合同的纠纷诉诸有关仲裁机关做出判断或裁决。该处理方式费用较诉讼低，且不公开进行，不至于损害双方的利益。

诉讼是指双方当事人请求人民法院依照法定程序，对于保险纠纷予以审查，并做出判决。该处理方式是司法活动，司法判决具有国家强制力，当事人必须予以执行。

图 1-35 保险合同争议协商处理

第三节 保险原则

1-43 保险的基本原则是什么?

保险的基本原则（图1-36）是人们在保险业务的长期经营过程中总结出来的规律性的东西，是保险合同相关人员应当遵守的基本准则。保险的基本原则包括最大诚信原则、保险利益原则、近因原则、损失补偿原则以及损失补偿原则派生出来的代位原则和分摊原则。

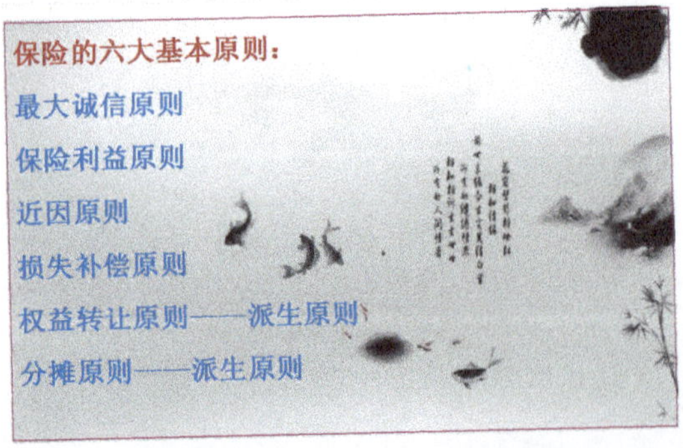

图 1-36 保险的六大基本原则

1-44 什么是保险的最大诚信原则?

最大诚信原则（图1-37）是指保险合同的双方当事人在保险合同的签订和履行过程中，必须以最大的诚意，履行自己的义务，互不欺骗和隐瞒，恪守合同的约定，否则保险合同无效。

最大诚信原则的内容包括告知、保证、弃权与禁止反言。

图 1-37 保险的诚信原则

1-45 什么是保险利益原则?

保险利益是指投保人或被保险人对保险标的具有的法律上承认的利益，即在保险事故发生时，可能遭受的损失或失去的利益。

保险利益原则（图1-38）是指在保险合同签订时，投保人或被保险人对保险标的必须具有保险利益；在保险合同有效期内，投保人或被保险人不能失去对标的的保险利益，否则合同将失效。比如，一行人将路边停放的汽车投保，由于他对该车不具有保险利益，所以签订的合同无效；如果这位行人对自己拥有的汽车投保，则保险合同有效，但当车辆转让他人后，由于他对该车辆失去了利益，所以合同也会随之失效，如果此时车辆再发生事故，保险公司便不会对其进行赔偿。保险法规要求，对此种情况，需要办理合同的变更手续，以维持合同的继续有效。

图 1-38 保险利益原则

1-46 保险利益要符合哪些条件?

投保人或被保险人对保险标的所拥有的利益并非都可成为保险利益，保险利益必须符合一定的条件，这些条件是：

1）保险利益必须是合法利益，即符合法律要求，为法律承认和受法律保护。对违法行为所产生的利益，不能成为保险标的，投保人或被保险人对其没有保险利益。例如，小偷对盗窃赃物的利益便不能成为保险利益。

2）保险利益必须是经济利益（图1-39），即可以用货币估算其价值。保险实质是对被保险人遭受的经济损失给予补偿。如果不能用货币衡量其价值损失的多少，也就无法实现对损失的补偿。比如，亲人的照片、情人的书信，虽然所有人对其拥有利益甚至是重大利益，但由于该利益无法用金钱计算，所以不能构成保险利益。

3）保险利益必须是确定利益，包括已经确定的利益和可以确定的利益。已经确定的利益为现有利益，如车主对投保汽车的利益；尚未确定但可以确定的利益为预期利益，如农民对投保的农产品的收成利益。现有利益比较容易确定，预期利益容易引起争议。

图 1-39 保险利益是经济利益

1-47 什么是保险原则中的近因原则？

近因是指造成保险标的损失的最直接、最有效、起主导作用或支配性作用的原因，而不是指在时间上或空间上与损失最接近的原因。

如图1-40所示，近因原则是指造成保险标的损失的近因是保险责任范围的，保险人承担损失赔偿责任；造成保险标的损失的近因不属于保险责任范围的，保险人不承担损失赔偿责任。在保险业务中，近因原则是认定保险责任的一个重要原则，对判定事故损失是否属于保险赔偿范围具有重要的意义。任何一起事故的理赔都必须坚持近因原则，所以对事故的近因判定非常关键。

图 1-40　保险原则中的近因原则

1-48 怎样通过近因原则判定单一原因造成的损失？

在单一原因造成的损失的情况下，造成损失的原因唯一，该原因即为近因。若这一原因符合条款的保险责任范围，则保险人应赔偿事故损失；否则，保险人不应赔偿事故损失。例如，一投保了车辆损失保险的车辆，若因雹灾导致车辆受损，则雹灾为近因，且雹灾属于车辆损失险的保险范围，所以保险人负责赔偿车辆损失；若因地震导致车辆受损（图1-41），则地震为近因，而地震不属于车辆损失险的保险范围，所以保险人不负责赔偿车辆损失。

图 1-41　地震导致车辆受损

1-49 怎样通过近因原则判定多种原因同时发生造成的损失？

在多种原因同时发生造成的损失的情况下，造成损失的多种原因均为近因。若这些原因均符合条款的保险责任范围，则保险人应赔偿事故损失；若这些原因均不符合条款的保险责任范围，则保险人不应赔偿事故损失；若这些原因中既有符合保险责任范围的，也有不符合保险责任范围的，且损失比例划分清楚，则保险责任范围内的原因导致的损失，保险人负责赔偿，而保险责任范围外的原因导致的损失，保险人不负责赔偿；如果损失比例难以划分清楚，则保险人不予赔偿或保险双方协商后按比例赔偿。例如，意外事故中对死亡人员“伤病比”的讨论，单纯的“伤”不会产生死亡结果，单纯的“病”也不会产生死亡结果，但在二者共同作用下导致了人的死亡，所以，此时应确定两种因素对死亡结果的起作用比例。

1-50 怎样通过近因原则判定多种原因连续发生造成的损失？

在多种原因连续发生造成的损失的情况下，要分析前因与后因之间有无因果关系。若有因果关系，那么最先发生并造成一连串事故的前因为事故损失的近因。此时，只需要判断最先的原因是否属于保险责任范围即可。若无因果关系，只是时间有先后，则后因为事故近因。若后因属于保险责任范围，则保险人应负赔偿责任，否则，不负赔偿责任。如保险车辆暴雨中行驶时熄火，强行起动后导致发动机受损的案例，用近因原则分析可知：发动机受损的过程是“暴雨——强行起动——发动机受损”，有暴雨的前因，有强行起动的后因，但后因与前因之间没有必然联系，因此，该起事故的近因是强行起动发动机。

1-51 怎样通过近因原则判定多种原因间断发生造成的损失？

有多种原因间断发生造成的损失的情况下，在一连串间断发生的原因中，有一项新的独立的原因介入，导致损失，若它为保险责任，保险人应负赔偿责任；反之，保险人不负赔偿责任。

1-52 保险原则中的损失补偿原则是指什么？

如图1−42所示，损失补偿原则是指当保险标的发生保险责任范围内的损失时，保险人按照合同规定，给予被保险人一定的保险赔偿，使被保险人恢复到受灾前的经济原状，但不能因损失而获得额外利益。损失补偿是保险的基本职能，通过保险补偿，避免被保险人因保险事故造成的损失而影响生产或生活的稳定。

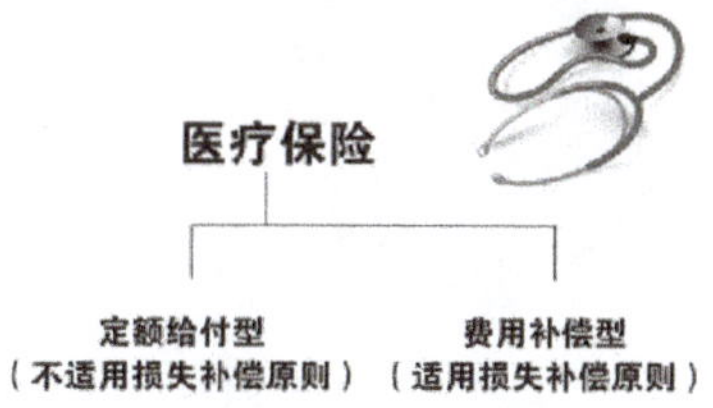

图 1−42　损失补偿原则的适用范围

1-53 保险人履行损失赔偿责任的方式有哪些？各是怎样的？

保险人履行损失赔偿责任的方式有现金给付、重置和维修三种。

（1）现金给付　现金给付（图1−43　）是财产保险的最常见的损失补偿方式，它简单方便，结案迅速，深受欢迎，如机动车第三者责任险中的人身伤害的赔偿。

（2）重置　重置是指保险人重新购置与保险标的相同或相似的物品给予被保险人作为补偿，如汽车玻璃破碎的赔偿。

（3）维修　维修是指当保险标的受损时，保险人采用维修的办法，将保险标的的性能恢复到未受损时的状况，如车辆损失的赔偿。

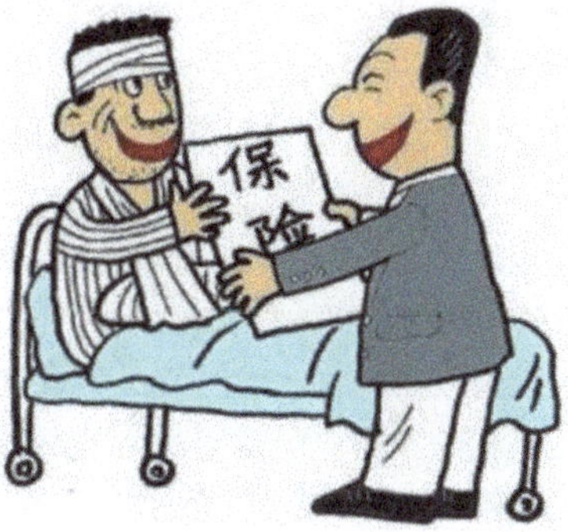

图 1−43　保险损失赔偿的现金给付

1-54 保险人履行损失赔偿责任的限度是怎样的？

保险人履行损失赔偿责任时，必须把握三个限度，以保证被保险人既能恢复失去的经济利益，又不会由于保险赔款而额外受益。

1）以实际损失为限，即保险赔偿金额不能超过保险标的损失时的市价。

2）以保险金额为限，即保险赔偿金额不得高于保险金额。

3）以保险利益为限，即被保险人获得的赔款，不得超过对被损财产所具有的保险利益。

例如，某房屋价值50万元，房主投保了半年的火灾保险，保额50万元。由于市场波动，1个月后该房市价变为40万元，如果此时发生火灾，房屋全损，那房主可从保险公司获得40万元的赔偿，这是以实际损失为限。2个月后该房市价又变为60万元，如果此时发生火灾，房屋全损，那房主可从保险公司获得50万元的赔偿，这是以保险金额为限。9个月后该房市价又变为50万元，此时，房主向银行贷款30万元，并以房屋做抵押，银行为安全起见，将该房屋投了为期1年的火灾保险，保险金额50万元，如果刚买了保险后发生火灾，房屋全损，那银行可从保险公司获得30万元的赔偿，这是以保险利益为限。可见，保险的补偿以保险金额、实际损失、保险利益中最小的一个为赔偿限度。

1-55 什么是损失补偿原则中的代位原则?

代位原则是损失补偿原则的派生原则。代位原则（图1-44）是指保险人依照约定，对被保险人遭受的损失进行赔偿后，依法取得向对损失负有责任的第三者进行追偿的权利，或取得被保险人对保险标的的所有权。

其中，依法取得向对损失负有责任的第三者进行追偿的权利，为权利代位，又称代位追偿；依法取得被保险人对保险标的的所有权，为物上代位，所以代位原则包括权利代位和物上代位两部分。

图 1-44　代位追偿原则

1-56 什么是权利代位?

权利代位（图1-45）产生代位追偿权，必须具备三个条件：

1）保险标的的损失必须是由第三者造成的，依法应由第三者承担赔偿责任。

2）保险标的的损失是保险责任范围内的损失，根据合同约定，保险公司理应承担赔偿责任。

3）保险人必须在赔偿保险金后，才能取代被保险人的地位与第三者产生债务债权关系。

保险人通过代位追偿得到的第三者赔偿额度，只能以保险人支付给被保险人的实际赔偿额为限，超出部分的权利属于被保险人，保险人无权处理。如保险人在支付了15000元的保险赔款后向有责任的第三方追偿，追偿款为20000元，则将多余的5000元退还给被保险人。

图 1-45　权利代位

1-57 什么是物上代位?

保险事故发生后，保险人已支付了全部保险金额，并且保险金额等于保险价值的，受损保险标的的全部权利归于保险人；保险金额低于保险价值的，保险人按照保险金额与保险价值的比例取得受损保险标的的部分权利。物上代位实际上是一种物权的转移，当保险人在处理标的物时，若得到的利益超过赔偿的金额，应属保险人所有。

1-58 什么是损失补偿原则的分摊原则?

分摊原则是损失补偿原则的另一派生原则。分摊原则（图1-46）适用于重复保险。重复保险是指投保人对同一标的、同一保险利益、同一保险事故分别与两个以上保险人订立保险合同，其保险金额总和超过保险标的的实际价值的保险。重复保险是允许的，但不允许重复赔款，几个保险人只能按一定原则分摊被保险人的损失，以防止被保险人获得超过实际损失以外的不当利益，从而引发道德风险。

图 1-46　损失补偿原则的分摊原则

1-59 重复保险的保险人之间分摊赔款的方式有几种？各是什么？

重复保险的保险人之间分摊赔款的方式有三种：比例责任分摊、限额责任分摊和顺序责任分摊。其中，比例责任分摊应用最多。

比例责任分摊是将各保险人的保险金额相加，除以各个保险人的保险金额，得出每个保险人应分摊的比例，然后按比例分摊损失金额。即：

$$赔款=损失金额\times\frac{该保险人的保险金额}{各保险人保险金额总和}$$

限额责任分摊是假定在没有重复保险的情况下，由各保险人单独应负的责任限额比例分摊损失金额。即：

$$赔款=损失金额\times\frac{该保险人责任限额}{各保险人责任限额总和}$$

顺序责任分摊是根据多个保险合同生效的先后顺序，由先出立保单的保险人首先负责赔偿，第二个保险人只负责赔偿超出第一保险人保险金额的部分，如果仍有超出部分，即依次由第三个、第四个保险人负责赔偿。因这种分摊方式不符合公平原则，所以目前很少使用。

例如，某人将一批财产先后向A、B两家保险公司投保，保额分别为6万元和4万元。如果保险财产发生保险事故损失5万元，A、B两家保险公司应分别赔付多少?

按比例责任分摊：

A保险公司的赔偿额 ＝ 5×6 ÷（6 ＋ 4）万元 ＝ 3万元

B保险公司的赔偿额 ＝ 5×4 ÷（6 ＋ 4）万元 ＝ 2万元

按限额责任分摊：

A保险公司的赔偿额 ＝ 5×5 ÷（5 ＋ 4）万元 ＝ 25/9万元

B保险公司的赔偿额 ＝ 5×4 ÷（5 ＋ 4）万元 ＝ 20/9万元

按顺序责任分摊：

A保险公司的赔偿额 ＝ 5万元

B保险公司的赔偿额 ＝ 0元

1-60 机动车辆的三种价值是什么？

（1）保险价值　保险价值（图1-47）是指订立保险合同时，作为确定保险金额基础的保险标的的价值。通俗地讲，保险价值即保险标的在某一特定时期的实际价值，是确定保险金额和确定损失赔偿的计算基础。在财产保险合同中，保险价值一般按出险时保险标的的实际价值确定（用于不定值保险中）。

图 1-47　保险价值

（2）保险金额　是指保险人承担赔偿或者给付保险金责任的最高限额，也是计算保费的依据。

（3）实际价值　实际价值是指保险标的实际值多少钱。车辆的实际价值是指同类型车辆市场新车购置价减去该车已使用期限折旧金额后的价格。

1-61 什么是绝对免赔额？

绝对免赔额（图1-48）是在保单中约定一个数额，保险标的的每次损失必须超过这个数额时，保险人才负责赔偿其超过部分，而这个数额以下的损失由被保险人自行承担。如车损险中有300元、500元、1000元、2000元供投保人选择。

图 1-48 绝对免赔额

1-62 什么是绝对免赔率？

绝对免赔率（表1-1）是保险公司不予赔偿的损失与全部损失的百分比，即由被保险人自己承担的损失百分比。

表 1-1 绝对免赔率

被保险车辆所负责任的大小	事故责任免赔率
负全部责任	20%
负主要责任	15%
负同等责任	10%
负次要责任	5%

1-63 什么是相对免赔额？

相对免赔额指保险双方约定一个数额，保险标的的每次损失只要达到这个数额，保险人不作任何扣除而全部予以赔偿；如果损失没有达到这个数额，则保险人不予赔偿。

1-64 什么是保险费？

保险费是指投保人或被保险人根据保险合同的规定，为取得因约定事故发生所造成的经济损失补偿（或给付）权利，而缴付给保险人的费用。

需要注意的是，由于保费的计算较为严格和复杂，因此，不像其他商品那样可以由买卖双方就价格进行协商，而是由保险公司单方面决定的，投保人接受就订立合同，如不接受则不订立合同。

1-65 什么是保险费率？

保险费率是指保险人向被保险人收取的每单位保险金额的保险费，是计算保费的依据，通常用百分率或千分率来表示。其公式为：保险费率=保险费/保险金额。

2011年10月，中国保监会《关于加强机动车辆商业保险条款费率管理的通知》的初稿在网站上公布，接受来自专家、媒体、社会公众等各方面的意见和建议，并据此对《通知》进行了修订。该《通知》从商业车险条款费率拟订原则、执行要求以及监管要求三方面对机动车辆商业保险条款费率改革进行了规定。

第一节 交强险

2-66 什么是交强险？

交强险的全称为“机动车交通事故责任强制保险”，它是我国首个由国家法律规定实行的强制保险制度（图2-1）。依据《机动车交通事故责任强制保险条例》规定：交强险是由保险公司对被保险机动车发生道路交通事故造成受害人（不包括本车人员和被保险人）的人身伤亡、财产损失，在责任限额内予以赔偿的强制性责任保险。

图 2-1　交强险是一种强制保险

注意：

1）交强险虽然在名称中取消了“第三者”，实质上是一种以第三者为保障对象的强制性责任保险。

2）在责任限额内的损失，交强险先行赔付，超过限额部分再由商业三者险或相关人员赔付。

3）交强险的被保险人，是指投保人及其允许的合法驾驶人。

2-67 交强险的发展历程是怎样的？

交强险自颁布实施以来一直在不断地完善，尽量使其更好地保障受害者的利益，其发展历程如图2-2所示。

2006年3月21日，历时22载，经历无数次研究、讨论和完善的法定保险制度终于尘埃落定，国务院令第462号公布了《机动车交通事故责任强制保险条例》（简称《条例》），规定交强险自2006年7月1日起正式实施。

↓

本着公开、公平、公正的原则，保监会于2007年12月14日在京召开了由投保人、社会公众、专家、消费者协会人士等22名听证代表参加的交强险费率调整听证会。经过多次研讨，在2008年1月11日，中国保监会正式公布了交强险责任限额调整方案，并批准了由中国保险行业协会上报的交强险费率方案。新的交强险责任限额和费率方案于同年2月1日零时起实施。

↓

2012年年底，国务院决定对《机动车交通事故责任强制保险条例》进行修改，增加一条，作为第四十三条：“挂车不投保机动车交通事故责任强制保险。发生道路交通事故造成人身伤亡、财产损失的，由牵引车投保的保险公司在机动车交通事故责任强制保险责任限额范围内予以赔偿，不足的部分，由牵引车方和挂车方依照法律规定承担赔偿责任。”同时对交强险的条款前后也做了相应调整，新条例自2013年3月1日起实施。

图 2-2　交强险的发展历程

2-68 为什么说交强险是一种责任保险？

我国《保险法》规定："责任保险是指以被保险人对第三者依法应负的赔偿责任为保险标的的保险。"责任保险（图2-3）承保的是被保险人的法定赔偿责任，而非固定价值的标的，其赔偿责任因损害责任事故大小而异，很难准确预计。因此，不论何种责任保险，均无保险金额的规定，而是采用在承保时由保险双方约定赔偿限额的方式来确定保险人承担的责任限额，凡超过赔偿限额的索赔仍需由被保险人自行承担。

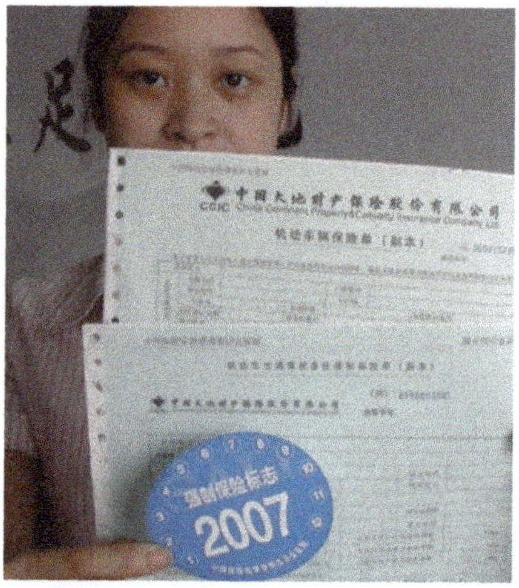

图 2-3 交强险是一种责任保险

2-70 为什么说交强险是一种对第三者责任承担赔偿的保险？

交强险以被保险人对第三人的赔偿责任为标的，以填补被保险人对第三人承担赔偿责任所受损失为目的，故是一种第三人保险或者第三者责任保险。通常，第三人泛指除被保险人之外的不确定主体。按我国现行法律规定，第三人是指除被保险人和保险车辆上人员之外的所有人。

2-69 交强险有哪些特性？

交强险具有公益性、强制性、广泛性。

设立交强险的目的是：让交通事故中的受害人得到及时有效的治疗（图2-4）。

强制性：强制承保，不能拒保。

广泛性：只要是机动车，都可以承保（机动车包括摩托车，不包括电动车）。酒后驾车、故意撞人，交强险也理赔，目的是保护受害者，体现了公益性。当然遇到这种情况，保险公司会先垫付医疗费用，再立案调查情况，向驾驶人追偿。

交强险不赔的情况：碰瓷的不赔。

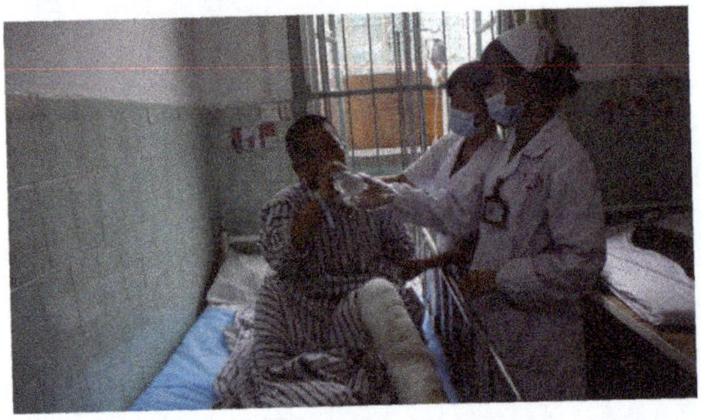

图 2-4 交强险让交通事故受害人得到及时有效的治疗

2-71 为什么说交强险是一种强制性责任保险？

强制性责任保险是指，依照国家法律的规定，投保人（被保险人）必须向保险人投保而成立的责任保险。在强制性责任保险法律关系中，投保人（被保险人）有必须投保的法定义务，保险人有不能拒保和非因法定事由不得擅自解除保险合同的法定义务。保险合同的重要内容如保障损失范围、责任限额、保险期限、保险费率等均由国家法律统一规定。交强险是车辆上路行驶的"通行证"，如图2-5所示。

图 2-5 交强险是车辆上路行驶的通行证

2-72 为什么说交强险是一种无过失责任保险?

《道路交通安全法》规定，机动车一方对强制保险责任限额范围内的人身伤亡和财产损失，无论主观上有无过错，均应承担赔偿责任（图2-6）。故交强险也具有无过失责任的特点，保险人不能以机动车一方应否承担交通事故责任及所承担交通事故责任的大小作为不支付或少支付赔偿金的抗辩事由。

图 2-6　交强险是一种无过失责任保险

2-73 交强险标志是怎样的?一般在哪里领取?

交强险有个标志，上面标明是那一年的交强险，如图2-7的2013年交强险标志。车主只要贴在前风窗玻璃上就行，习惯都贴在前风窗玻璃的右上角。?交强险标志在购买交强险的保险公司领取，一般购买完交强险，出单员会打印一张交强险标志跟交强险保单给客户。

图 2-7　交强险标志粘贴位置

2-74 交强险的标志遗失怎样补办?

如果遗失可以去保险公司补打印（图2-8）。补打印需要的资料如下：

1）车主可以带上自己的身份证、行车证以及购买车辆的相关证件和买支强险的手续证明，到投保的保险公司业务部申请补办交强险标志。

2）如果被保险人为单位，则需要携带保单、授权委托书和办理人的身份证明到承保公司申请补办，届时需要填写交强险标志补办申请。

3）若标志属于损毁的，还需携带旧保险标志。

4）保险公司在收到补办申请及报失认定证明后的5个工作日内，完成对申请的审核，并补发相应的交强险单证或标志。

图 2-8　交强险标志遗失补办

2-75 交强险标识必须贴在指定位置吗?

如果您的保险没有问题，我们建议您在外出行一定要注意：保险单、车辆的各种手续、驾驶证、行驶证都要带着，这样在出现事故的情况下才可以顺利地完成定损理赔。

交通安全法规定，机动车驾驶人须带上驾驶证、行驶证、保险单及交强险标志（图2-9）。上路行驶的机动车未放置交强险标志的，交通管理部门按照规定可以扣留机动车，通知当事人提供交强险标志或者补办相应手续，可以处警告或者20元以上200元以下罚款。

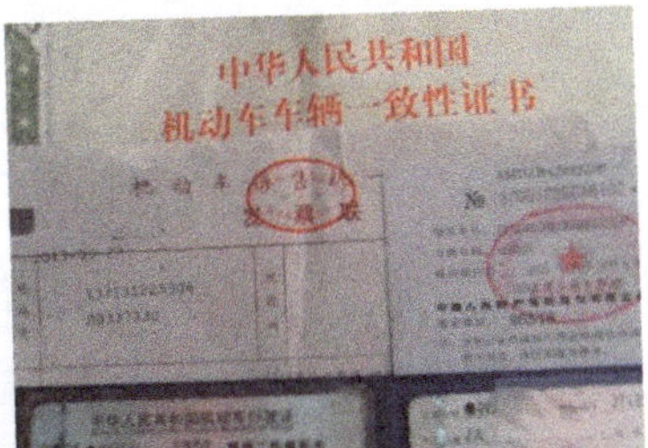

图 2-9　机动车驾驶人行车时带齐各类证件

2-76 哪些情况可以投保一年以内的交强险？

交强险的保险期间为1年，仅有四种情形下投保人可以投保1年以内的短期交强险：

一是境外机动车临时入境的。

二是机动车临时上道路行驶的。

三是机动车距规定的报废期限不足1年的。

四是保监会规定的其他情形。

2-78 怎样计算交强险的缴费数额？

如图2-10所示，交强险的费用是可变动的（第一年除外），不过这要看车主的表现。它的计算公式如下：

最终保费 = 基础保费×（1+与道路交通事故相联系的浮动比率）×（1 + 与交通安全违法行为相联系的浮动比率A）

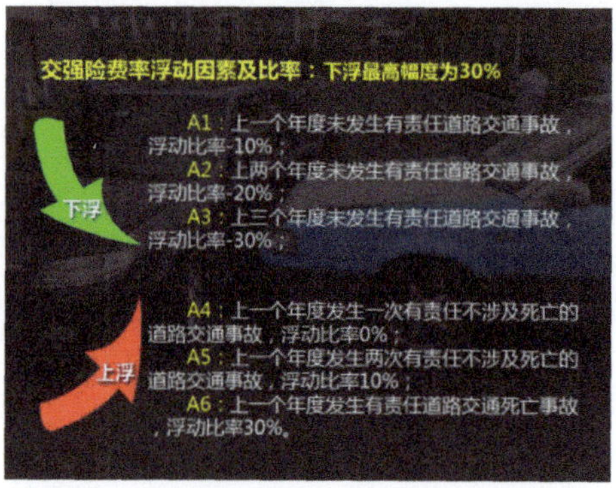

图 2-10　交强险费率的浮动因素及比率

根据规定，下浮比率最低只能下降30%，就是说车主连续3年安全行车没有出过险，那他的浮动比率就可以下降30%；而上浮比率最多也上浮30%（图2-11）。通过这些奖罚措施，对于减少交通事故的发生还是有一定作用的。

图 2-11　交强险费率与交通违法和交通事故次数挂钩

2-77 交强险费率、价格是多少？

交强险的基础费率共分42种，家庭自用车、非营业客车、营业客车、非营业货车、营业货车、特种车、摩托车和拖拉机八大类42小类车型保险费率各不相同，对同一车型，全国执行统一价格。据最新的收费标准，如表2-1所示，现在家庭自用车6座以下的需缴纳950元/年，而6座以上的得缴纳1100元/年。6座以下的家庭自用车比调整前降了100元，稍微减轻了车主的负担。

表 2-1　家庭自用车交强险每年的费用

车辆大类	序号	车辆明细分类	保费/元	调保前的费用/元
家庭自用车	1	家庭自用汽车6座以下	950	1050
	2	家庭自用汽车6座及以上	1100	1100

2-79 交强险有责任的赔偿限额是多少？

如图2-12所示，机动车在道路上发生交通事故有责任的赔偿限额比无责任的高许多，其中死亡伤残赔偿的限额为110000元，医疗费用赔偿的限额为10000元，而财产损失赔偿的限额只有2000元，最高的赔偿限额为12.2万元。只要判定车主赔偿就按照最高限额来赔。

如不久前，王某被李某驾车撞伤，但未构成“残”。李某车辆已投保交强险。王某诉到法院，要求保险公司赔偿医疗费、误工费、护

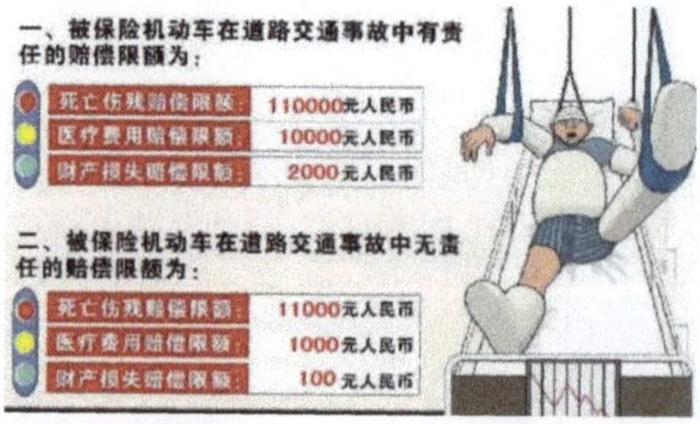

图 2-12　交强险的赔偿限额

理费、交通费等损失共计3万元。保险公司称，根据《机动车交通事故责任强制保险条款》的规定，护理费、误工费、交通费等属于交强险中的死亡伤残赔偿限额项下。

2-81 交强险的死亡伤残费用包括哪些？

死亡伤残赔偿限额是指被保险机动车发生交通事故，保险人对每次保险事故所有受害人的死亡伤残费用所承担的最高赔偿金额。死亡伤残费用包括丧葬费、死亡补偿费、受害人亲属办理丧葬事宜支出的交通费用、残疾赔偿金、残疾辅助器具费、护理费、康复费、交通费、被抚养人生活费、住宿费、误工费，被保险人依照法院判决或者调解承担的精神损害抚慰金。

2-82 交强险的医疗费用赔偿费用包括哪些？

医疗费用赔偿限额是指被保险机动车发生交通事故，保险人对每次保险事故所有受害人的医疗费用所承担的最高赔偿金额。医疗费用包括医药费、诊疗费、住院费、住院伙食补助费，必要的、合理的后续治疗费、整容费、营养费。

2-83 交强险的财产损失赔偿限额是怎么回事？

财产损失赔偿限额是指被保险机动车发生交通事故，保险人对每次保险事故所有受害人的财产损失承担的最高赔偿金额。

2-84 交强险的理赔程序是怎样的？

如图2-14所示，涉及第三者伤亡或财产损失的道路交通事故，被保险人应先联系120（急救电话），如有人身伤亡，拨打122交警电话，并拨打保险公司的客户服务电话报案，配合保险公司查勘现场，可以根据情况要求保险公司支付或垫付抢救费。

2-80 交强险无责任的赔偿限额是多少？

机动车在道路上发生交通事故无责任的赔偿限额比有责任的低许多，其中死亡伤残赔偿的限额为11000元，医疗费用赔偿的限额为1000元，而财产损失赔偿的限额只有100元，最高的赔偿限额为1.21万元。也是根据责任来赔偿。

某日，赵先生驾车出门，在路口和出租车发生碰撞，导致赵先生腿部轻伤，出租车司机无责任，按照交强险规定，出租车司机的交强险可以赔付赵先生最高1.2万。但经查证，出租车司机酒驾（图2-13），因此保险公司不承担赔偿责任。

图 2-13　酒驾致交强险不赔偿

图 2-14　交通事故报案

保险公司应自收到赔偿申请之日起1天内，书面告知需要提供的与赔偿有关的证明和资料；自收到证明和资料之日起5日内，对是否属于保险责任做出核定，并将结果通知被保险人。对不属于保险责任的，应当书面说明理由。对属于保险责任的，在与被保险人达成赔偿保险金的协议后10日内，赔付保险金。

2-85 交强险的理赔原则有哪些?

根据保监会相关规定，交强险是对第三者造成损失的赔偿，在事故发生过程中，将实行交强险先行，商业三者险补充的原则(图2-15)。

图 2-15 交强险先行，商业三者险补充

商业车险在扣除交强险赔偿金额后，对剩余理赔金额按照事故责任比例计算免赔率，最终确定相应理赔金额，但商业车险的理赔原则是有责赔付，无责不赔。

2-86 举例说明交强险的理赔原则是怎样的?

如刘先生购买交强险和10万元限额的商业三者险后，不幸遭遇车祸致使某行人伤残，刘先生承担事故全责，共需要赔偿受害方3.8万元，赔偿金额包括伤残费用2万元，医疗费用1.2万元，财产损失6000元。

按照调整后的交强险的理赔项目计算，保险公司应赔偿受害人3.2万元，其中死亡伤残费用2万元，医疗费用1万元，财产损失费用2000元；然后按照商业三者险与车损险的理赔条款计算，剩余的6000元理赔款包括医疗费用2000元，财产损失4000元，但由于刘先生承担事故全责，保险公司通常会扣除20%免赔率，这时刘先生只能得到4800元商业三者险的理赔款，所以刘先生总共能得到3.68万元理赔款。

如果刘先生在这起事故中无责，交强险死亡伤残和医疗费用均为限额的10%。保险公司将赔偿受害人1.21万元，其中死亡伤残1.1万元，医疗费用1000元，财产损失100元。但商业三者险的理赔宗旨却是无责不赔。

2-87 办理交强险理赔需准备哪些材料?

办理交强险理赔需提交7项材料：

1）交强险的保险单。

2）被保险人出具的索赔申请书。

3）被保险人和受害人的有效身份证明、被保险机动车行驶证和驾驶人的驾驶证。

4）公安机关交通管理部门出具的事故证明，或者人民法院等机构出具的有关法律文书及其他证明。

5）被保险人根据有关法律法规规定选择自行协商方式处理交通事故的，应当提供依照《交通事故处理程序规定》规定的记录交通事故情况的协议书。

6）受害人财产损失程度证明、人身伤残程度证明、相关医疗证明以及有关损失清单和费用单据。

7）其他与确认保险事故的性质、原因、损失程度等有关的证明和资料。

2-88 交强险与商业三者险有哪些区别?

（1）赔偿限额不同　交强险赔偿限额为12.2万元，而商业第三者责任险有5、10、15、20、30、50、100万元七个档次。

（2）投保的强制性不同　交强险是国家规定的强制保险，而商业第三者责任险是纯粹的商业保险，属于自愿投保。

（3）保障范围不同　交强险赔偿范围大。除了《机动车交通事故责任强制保险条例》规定的个别事项外，交强险的赔偿范围几乎涵盖了所有道路交通责任风险。而商业第三者责任险赔偿范围小，保险公司不同程度地规定免赔额、免赔率和责任免除事项。

（4）赔偿原则不同　交强险赔偿采用无过错责任原则，而商业第三者责任险的赔偿采用过错责任原则。

（5）费率形成机制不同　交强险总体上按“不盈利不亏损”的原则审批费率，而商业第三者责任险按商业性保险的机制进行管理。

2-89 交强险的赔偿时限是多少?

（1）保险责任的核定时限　对涉及财产损失的，保险公司应当自收到被保险人提供的证明和资料之日起1日内，对是否属于保险责任做出核定，并将结果通知被保险人。对涉及人身伤亡的，保险公司应当自收到被保险人提供的证明和资料之日起3日内，对是否属于保险责任做出核定，并将结果通知被保险人。

（2）拒赔通知时限　对不属于保险责任的，保险公司应当自做出核定之日起3日内，向被保险人或者受益人发出拒绝或拒绝给付保险金通知书，并书面说明理由。

（3）赔偿保险金时限

1）对保险责任在2000元以下的仅涉及财产损失的赔偿案件，被保险人索赔单证齐全的，保险公司应在当日给付保险金。

2）对保险责任在10000元以下的人身伤亡赔偿案件，被保险人索赔单证齐全的，保险公司应当在3日内给付保险金。

3）对保险责任在50000元以下的人身伤亡赔偿案件，被保险人索赔单证齐全的，保险公司应当在5日内给付保险金。

4）对属于保险责任的交强险赔偿案件，被保险人索赔单证齐全的，保险公司应当在被保险人提出索赔申请7日内给付保险金。

（4）先予支付保险金承诺　保险人自收到赔偿或者给付保险金的请求和有关证明、资料之日起20日内，对其赔偿或者给付保险金的数额不能确定的，应当根据已有证明和资料可以确定的数额先行支付：保险人最终确定赔偿或者给付保险金的数额后，再支付差额。

2-90 挂车也要投保交强险吗?

自2015年3月起，牵引车所投交强险将对挂车的保险事故进行赔付。国务院新修订的交强险条例明确指出，挂车不投保交强险，并新增“发生道路交通事故造成人身伤亡、财产损失的，由牵引车投保的保险公司在机动车交通事故责任强制保险责任限额范围内予以赔偿”。

此次新条例明确挂车免投交强险，无疑为牵引车车主节省了一大笔费用支出，不过牵引车与挂车累计赔付的金额仅为交强险限额。对于损失超限部分，由牵引车方和挂车方依照法律规定承担赔偿责任，由商业车险来进行弥补。

第二节 第三者责任险

2-91 什么是第三者?

根据最新示范条款内容，第三者（图2-16）是指因被保险机动车发生意外事故遭受人身伤亡或者财产损失的人，但不包括被保险机动车本车车上人员、被保险人。

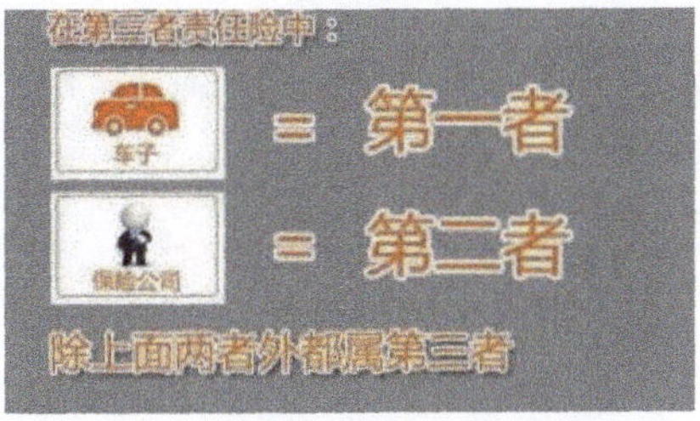

图 2-16　第三者责任险中指的第三者

2-92 什么是第三者责任险?

第三者责任险（简称三责险或三者险），全称：机动车第三者责任强制保险。如图2-17所示，第三者责任险是指除去你自己、车乘人员和车之外的人或物。这些都算在第三者（图2-18）的范畴，简单讲就是：由于自己的车辆给第三方（车、人、财物）造成损失或伤害，应当由自己来承担的责任，就需要用这个险种来进行赔付。

图 2-17　第三者的范围

图 2-18　第三者险就是赔“第三者”的

2-93　什么是合法驾驶人?

合法驾驶人是指持有效驾照，且所驾车辆与驾照规定的准驾车类相符；驾驶出租车或营业性客车的驾驶人还必须具备交通运输管理部门核发的许可证书或其他必备证书。

2-94　什么是意外事故?

意外事故是指不是行为人出于故意，而是行为人不可预见的以及不可抗拒的并造成人员伤亡或财产损失的突发事件。

2-95　第三者责任险的保险期限是多久?

保险期限主要阐述车险合同的起止时间，一般为一年，需在保险单中载明具体起止时间点。短期保险一般按短期月费率计算保费。短期月费率如表2-2所示。

表 2-2　短期月费率

保险期间/月	1	2	3	4	5	6	7	8	9	10	11	12
短期月费率（年保险费的百分比）	10%	20%	30%	40%	50%	60%	70%	80%	85%	90%	95%	100%

2-96　机动车第三者责任保险的保险责任是什么?

保险期间内，被保险人或其允许的合法驾驶人在使用被保险机动车过程中发生意外事故，致使第三者遭受人身伤亡或财产直接损毁的，依法应当对第三者承担的损害赔偿责任（图2-19），保险人依照本保险合同的约定，对于超过机动车交通事故责任强制保险各分项赔偿限额的部分负责赔偿。

第三者责任保险赔偿必须满足的条件：

1）驾驶人是被保险人或其允许的合格驾驶人。

2）车辆处于使用过程中。

3）由意外事故造成。

4）赔偿项目是第三者的人身或财产直接损失。

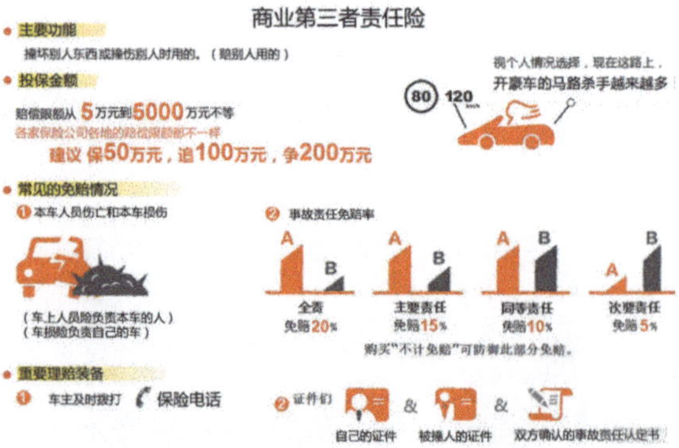

图 2-19　第三者责任险保险责任

2-97 机动车第三者责任保险的责任免除情形有哪些?

不属于第三者范围的人身伤亡或财产损失不负责赔偿。被保险机动车造成不属于第三者范围的对象的人身伤亡、所有或代管的财产的损失，不论在法律上是否应当由被保险人承担赔偿责任，保险人均不负责赔偿（图2-20）。以下三类对象不属于第三者范围：

1）被保险人及其家庭成员。

2）被保险机动车本车驾驶人及其家庭成员。

3）被保险机动车本车上其他人员。

图 2-20 第三者责任保险的责任免除

2-98 示范条款中第三者责任保险责任免除变化主要变动有哪些?

删除“对被保险人、驾驶人的家庭成员人身伤亡”不予赔偿的约定。

删除“驾驶证有效期已届满”及“持未按规定审验的驾驶证”不予赔偿的约定。

删除“教练期间导致的三者损失”不予赔偿的约定。

因挂车不再投保交强险，删除“车辆未投保交强险的机动车（含挂车）或被未投保交强险的其他机动车拖带”造成的损失。

增加“超出《道路交通事故受伤人员临床诊疗指南》和国家基本医疗保险标准的医疗费用”的责任免除，与交强险保持一致。

增加“停车费、保管费、扣车费、罚款、罚金或惩罚性赔款”作为责任免除。

将现行责任免除中“仲裁或者诉讼费用以及其他相关费用”修订为“律师费，未经保险人事先书面同意的诉讼费、仲裁费”。

其他与车损险相同的修订。主要包含：车载货物坠落、逃离事故现场及兜底条款。

2-99 第三者责任险有哪些不同的赔偿限额?

目前我国三者险采取责任限额方式。责任限额是保险人计收保险费的依据，也是承担每次三者险事故赔偿的最高额度。第三者责任险赔偿额度分为5万元、10万元、15万元、20万元、30万元、50万元、100万元和100万元以上，且最高不超过5000万元。责任限额为100万元以上时，必须是50万元的整数倍。责任限额由投保人和保险人在签订保险合同时协商确定。以6座以下客车为例，不同赔偿额度的保费如表2-3所示。

表 2-3 汽车第三者责任险的赔偿限额及保费

赔偿限额/元	年保费/元
50000	543
100000	782
150000	892
200000	970
300000	1095
500000	1315
1000000	1711

广州某保险公司的报价，不同地区和保险公司价格不同，该表仅供参考

2-100 第三者责任险究竟买多少合适?

结合现在社会的发展水平和事故人身伤亡的赔付，如果是经济繁华的地区建议广大车主是购买100万赔付额度的三者险，经济欠发达地区（如三四线城市）建议保50万，经济能力较强的车主建议购买100万。由表2-3可以看出，如果投保50万，保费1300多元；而投保20万，保费也要900多元，两者相差仅300多元；如果投保100万，也只比投保50万贵出300多元的保费。“所以车主普遍的心态是，多花几百元，买个安心。”。

2-101 主车和挂车的责任限额是怎样确定的？

主车和挂车的责任限额可以分别确定，但当它们连接使用时视为一体，发生保险事故时，由主车保险人和挂车保险人按照保险单上载明的机动车第三者责任保险责任限额的比例，在各自的责任限额内承担赔偿责任，但赔偿金额总和以主车的责任限额为限。

2-102 保险事故损坏的赔偿方式有几种？

因保险事故损坏的第三者财产，应当尽量修复。修理前被保险人应当会同保险人检验，协商确定修理项目、方式和费用。否则，保险人有权重新核定；无法重新核定的，保险人有权拒绝赔偿。

2-103 第三者责任险的赔偿比例是多少？

保险人依据被保险机动车驾驶人在事故中所负的事故责任比例，承担相应的赔偿责任。

被保险机动车方负全部事故责任的，事故责任比例为100%。

被保险机动车方负主要事故责任的，事故责任比例为70%。

被保险机动车方负同等事故责任的，事故责任比例为50%。

被保险机动车方负次要事故责任的，事故责任比例为30%。

被保险机动车方没有事故责任的，事故责任比例为0。

2-104 第三者责任险的赔偿项目和标准是什么？

保险事故发生后，保险人按照国家有关法律、法规规定的赔偿范围、项目和标准以及保险合同的约定，在保险单载明的责任限额内核定赔偿金额。保险人按照国家基本医疗保险的标准核定医疗费用的赔偿金额。未经保险人书面同意，被保险人自行承诺或支付的赔偿金额，保险人有权重新核定。不属于保险人赔偿范围或超出保险人应赔偿金额的，保险人不承担赔偿责任。

2-105 重复保险应怎样承担赔偿责任？

重复保险的，保险人按照本合同的责任限额与各保险合同责任限额的总和的比例承担赔偿责任。其他保险人应承担的赔偿金额，保险人不负责赔偿和垫付。

2-106 怎样计算第三者责任险的赔偿金额？

根据被保险人应负赔偿金额是否高于赔偿限额，保险公司的赔款分两种计算方式：

1）当被保险人应负赔偿金额高于赔偿限额时：

赔款 = 赔偿限额×（1−事故责任免赔率）×（1−绝对免赔率）

2）当被保险人应负赔偿金额等于或低于赔偿限额时：

赔款 = 应负赔偿金额×（1−事故责任免赔率）×（1−绝对免赔率）

其中被保险人应负赔偿金额为第三者人身伤亡或财产损失依法应由被保险人承担的经济赔偿责任超过交强险各分项限额以上的部分，乘以事故责任比例。

2012年关注度很高的“雅阁撞到劳斯莱斯”事故来说，由于是雅阁车在转弯时未让直行的劳斯莱斯，造成劳斯莱斯车型的损伤，因此在这起事故中判雅阁车全责。

根据最后4S店的定损，劳斯莱斯最终维修费定为35万元；而雅阁车主朱小姐为车辆买的第三者责任险赔偿额是20万的，这也意味着朱小姐需要自掏腰包为劳斯莱斯的超出保险范围的维修费买单。那么保险公司在这起事故中要赔偿多少？朱小姐又要赔多少呢？我们一起来算一下：

由于雅阁车的应负赔偿金额超过了赔偿限额，所以要用第一种计算方法，最终保险公司的赔款为：

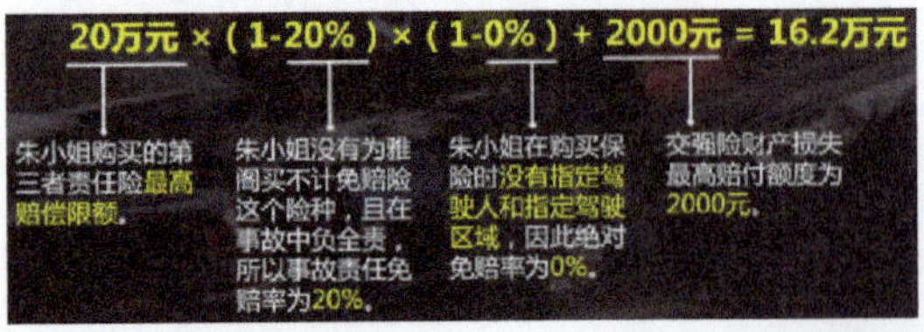

2-107 车辆有交强险是否还有必要购买第三者责任险?

交强险赔偿限额尽管最高能到12.2万元，其中死亡伤残赔偿限额11万元，医疗费用赔偿限额为1万元，财产损失赔偿限额只有 2000 元，这在稍大的事故中显然不够用。人身死亡等极端情况毕竟是少数，车主撞伤了人，需要花费医疗费的情况居多。在交强险中最多只能赔偿1万元医疗费用，而在第三者责任险里对死亡、伤残、医疗、财产等不作分项，如果车主保了10万保额的第三者责任险，那么即使医疗费花到8万，也能根据相关条款给予相应赔偿；即使达到11万元的伤亡伤残赔偿限额，对发达地区而言也很难满足赔偿车主应承担责任的需要。

所以，第三者责任险可起到补充作用。车主投保第三者责任险后，一旦发生交通事故，将由保险公司向受害第三方提供赔偿。

2-108 第三者责任险必须要购买吗?

如图2-21所示，第三者责任险作为汽车四大基本险之一，建议大家为自己的爱车买上。现在路上的机动车越来越多，行人、电动车不按规定而乱行的现象随处可见，小的刮蹭事故常常会发生，不怕一万就怕万一，类似追尾别的车或者被别的车蹭到这种小事故随时都有可能在自己身上发生，这时第三者责任险的重要性就显而易见了。

图 2-21　交通事故第三者险的赔偿

第三节 机动车损失保险

2-109 何为车损险?

车损险，是指被保险人或其允许的驾驶人在驾驶保险车辆时发生保险事故，造成保险车辆受损，保险公司在合理范围内予以赔偿。三者险是负责赔别人的，车损险是负责赔自己的。

2-110 车损险赔偿必须满足哪些条件?

车损险赔偿必须满足的条件：

1）驾驶人是被保险人或其允许的合格驾驶人。

2）车辆在使用过程中。

3）车损原因是自然灾害或意外事故（图2-22）。

4）赔偿项目是车辆本身损失及合理的施救费。

（注：施救费用数额在被保险机动车损失赔偿金额以外另行计算，最高不超过保险金额的数额。）

图 2-22　车辆损失险给予赔付

2-111 车损险的赔付比例是怎样的?

根据车损险的全部责任、主要责任、同等责任及次要责任四个档次来划分不同的赔付比例（图2-23）：常见30%~95%，一般情况下，保险公司根据车主所负责任的大小，会扣除5%至15%的事故责任免赔率。

图 2-23　车损险的赔付

2-114　意外事故导致的车辆损失包括哪些方面？

意外事故包括碰撞、倾覆、坠落、火灾、爆炸、外界物体坠落、倒塌等。具体如下：

碰撞是指被保险机动车与外界物体直接接触并发生意外撞击、产生撞击痕迹的现象。包括被保险机动车按规定载运货物时，所载货物与外界物体的意外撞击。

倾覆是指意外事故导致被保险机动车翻倒（两轮以上离地、车体触地），处于失去正常状态和行驶能力、不经施救不能恢复行驶的状态。

坠落是指被保险机动车在行驶中发生意外事故，整车腾空后下落，造成本车损失的情况。非整车腾空，仅由于颠簸造成被保险机动车损失的，不属坠落责任。

火灾是指被保险机动车本身以外的火源引起的、在时间或空间上失去控制的燃烧（即有热、有光、有火焰的剧烈的氧化反应）所造成的灾害。

爆炸是指车辆以外的物体在瞬间分解或燃烧时放出大量的热和气体，并以很大压力向四周扩散，形成破坏力，进而导致车辆损失。

如图2-25所示，外界物体坠落是指车辆以外的物体掉落到车上导致车辆损失。

2-112　车损险的合同为何是不定值保险合同？

机动车损失保险（简称车损险）的合同为不定值保险合同。不定值保险合同是指双方当事人在订立保险合同时不预先确定保险标的的保险价值，而是按照保险事故发生时保险标的的实际价值确定保险价值的保险合同。

2-113　车损险的保险责任有哪些？

1）被保险人或其允许的驾驶人员在使用保险车辆过程中，因下列原因造成保险车辆的损失，保险人负责赔偿：① 碰撞、倾覆、坠落；② 火灾、爆炸；③ 外界物体坠落、倒塌；④ 雷击、暴风、暴雨、洪水、龙卷风（图2-24）、冰雹、台风、热带风暴；⑤ 地陷、崖崩、滑坡、泥石流、雪崩、冰陷、暴雪、冰凌、沙尘暴；⑥ 受到被保险机动车所载货物、车上人员意外撞击；⑦ 载运被保险车辆的渡船遭受自然灾害（只限于有驾驶人员随船的情形）。

2）发生保险事故时，被保险人为防止或者减少保险车辆的损失所支付的必要的、合理的施救费用，由保险人承担，最高不超过保险金额的数额。

图 2-24　龙卷风

图 2-25　高空坠落物体砸坏车辆

2-115 自然灾害导致的车辆损失包括哪些方面?

自然灾害导致的车辆损失具体包括以下内容。

暴风：风速在2.5m/s（相当于11级大风）以上的大风。

龙卷风：一种范围小而时间短的猛烈旋风，平均风速79~103m/s。

雷击：由于雷电直接击中保险车辆或通过其他物体引起车辆损失。

雹灾：由于冰雹降落造成车辆受损。

暴雨：降雨量达16mm/h以上，或连续12h降雨量达30mm以上，或连续24h降雨量达50mm以上。

洪水：因江河泛滥、山洪暴发、潮水上岸及倒灌，致使车辆遭受浸泡、淹没损失。

海啸：由于地震或风暴而造成海面巨大涨落现象，以致海水上岸泡损、淹没、冲失车辆（图2-26）。

图 2-26 海啸导致车辆受损

地陷：地壳因为自然变异、地层收缩而发生突然塌陷以及海潮、河流、大雨侵蚀时，地下有孔穴、矿穴，以致地面突然塌陷。

冰陷：在公安交通管理部门允许车辆行驶的冰面上，车辆通行时，冰面突然下陷造成车辆损失。

崖崩：石崖、土崖因自然风化、雨蚀而崩裂下塌，或山上岩石滚落，或雨水使山上沙土透湿而崩塌。

雪崩：由于大量积雪突然崩落，致使车辆遭受损失。

滑坡：斜坡上不稳的岩体或土体在重力作用下突然整体向下滑动造成车辆受损。

泥石流：山地突然爆发饱含大量泥沙、石块的洪流造成车辆受损（图2-27）。

载运车辆的渡船遭受自然灾害危险：车辆在行驶途中因需跨过江河、湖泊、海峡才能恢复到道路行驶而过渡，驾驶人把车辆开上渡船，并随船同行把车照料到对岸，这期间因遭受自然灾害，致使车辆本身发生损失。

图 2-27 泥石流导致车辆受损

2-116 发生事故后必要的、合理的施救费用有哪些?

发生保险事故时，被保险人为防止或者减少被保险机动车的损失所支付的必要的、合理的施救费用，由保险人承担，最高不超过保险金额的数额。该费用必须是必要的、合理的。一般下列费用是必要的、合理的：

保险车辆发生火灾时，被保险人或其允许的驾驶人使用他人非专业消防单位的消防设备（图2-28），施救保险车辆所消耗的合理费用及设备损失；保险车辆出险后，失去正常的行驶能力，被保险人雇用吊车及其他车辆进行抢救的费用，以及将出险车辆拖运到修理厂的运输费用；在抢救过程中，因抢救而损坏他人的财产，并应由被保险人赔偿的；被保险人自己或他人义务派来抢救的抢救车辆在拖运受损保险车辆途中发生意外事故造成保险车辆的损失扩大部分和费用支出增加部分。

图 2-28 汽车火灾的救援

第二章 汽车保险产品

2-117 怎样确定车辆损失险的保险金额？

车辆损失险保险金额由投保人和保险人从下列三种方式中选择确定，保险人根据确定保险金额的不同方式承担相应的赔偿责任：

1）按投保时被保险机动车的新车购置价确定。新车购置价是指在保险合同签订地购置与被保险机动车同类型新车的价格（含车辆购置税）。

投保时的新车购置价根据投保时保险合同签订地同类型新车市场销售价格（含车辆购置税）确定，并在保险单中载明，无同类型新车市场销售价格的，由投保人与保险人协商确定。

2）按投保时被保险机动车的实际价值确定。投保时被保险机动车的实际价值根据投保时的新车购置价减去折旧金额后的价格确定。被保险机动车的折旧按月计算，不足一个月的部分，不计折旧。折旧率因车辆种类不同而有所不同，其制定依据是国家汽车报废标准。被保险机动车最高折旧金额不超过投保时被保险机动车新车购置价的80％。

折旧金额 ＝ 投保时的新车购置价×被保险机动车已使用月数×月折旧率

3）在投保时被保险机动车的新车购置价内协商确定。

2-118 哪些情况下保险人支付赔款后保险合同终止？

下列情况下保险人支付赔款后保险合同终止，保险人不退还机动车辆损失保险及其附加险的保费：

1）被保险机动车发生全部损失。

2）按投保时被保险机动车的实际价值确定保险金额的，一次赔款金额与免赔金额之和（不含施救费）达到保险事故发生时被保险机动车的实际价值。

3）保险金额低于投保时被保险机动车的实际价值的，一次赔款金额与免赔金额之和（不含施救费）达到保险金额。

2-119 怎样正确使用车损险？

虽说有了车损险（图2-29），对于大部分我们自己造成的损伤和事故都可以获得理赔，但是随着费率改革的推进，你用的次数越多，下一年可能就会越惨，提高的不仅是费用，还有你的“高危程度”，一旦被保险公司判定为高危客户，上浮保费算是最轻的，或者让你多上一些附加险，最差就是直接拉黑你，不让你再上车损险了！

所以说，对于日常行驶中出现的各种小刮小蹭，如果不太影响美观，或不影响行驶安全的话，建议不要一出事儿就走保险，可以攒到年底走一次，或者只有出现比较严重的情况时再走，这点咱们可以参考国外车主对于小刮小蹭的“不计小节”。

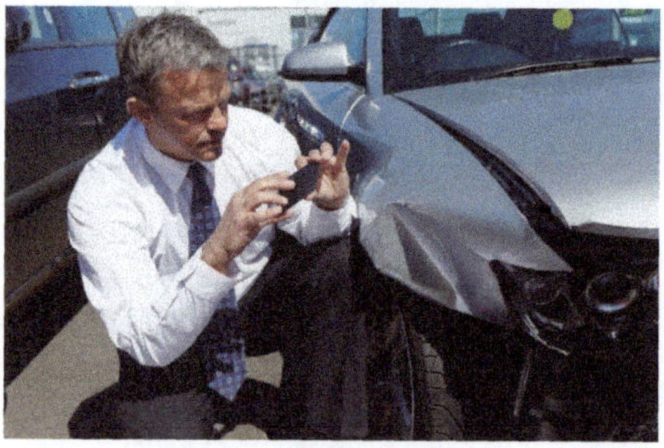

图 2-29 正确使用车损险

第四节 车上人员责任险

2-120 根据最新示范条款“车上人员”的定义是什么？

根据最新示范条款“车上人员”的定义，将“车上人员”的定义由“指保险事故发生时在被保险机动车上的自然人”；修改为“指发生意外事故的瞬间，在被保险机动车车体内或车体上的人员，包括正在上下车的人员（图2-30）。”

图 2-30　正在上下车的人员也属于车上人员

2-121 什么是车上人员责任险?

车上人员责任险是车辆商业险的主要保险，它的主要功能是赔偿车辆因交通事故造成的车内人员伤亡的保险（图2-31）。车上人员责任险是保险公司为开车与坐车的人，在意外事故中造成的伤亡进行赔偿的一种汽车保险。这个保险对于车主们都很重要，因为在车内的人员一般都是自己身边重要的人，为他们买一份保险的安全，也是必要的。也就是说，当你开车搭乘朋友家人发生交通意外而伤亡时，保险公司会对丧葬费、伤亡赔偿、医疗费和误工费等进行赔偿。

发生意外事故的瞬间，在被保险机动车车体内或车体上的人员，包括正在上下车的人员。车上人员每人的最高赔偿限额由投保人和保险人在投保时协商确定，投保座位数以保险车辆的核定载客数为限。

图 2-31　车上人员责任险

2-122 车上人员责任险怎样进行赔偿处理?

1）车上人员人身伤亡按《道路交通事故处理办法》规定的赔偿范围、项目和标准以及保险合同的规定计算赔偿（图2-32），但每人最高赔偿金额不超过保险单载明的本保险每座赔偿限额、最高赔偿人数以投保座位数为限。

2）每次赔偿均实行免赔率，免赔率及办法与第三者责任险相同。

图 2-32　车上人员责任险的赔偿处理

2-123 人身意外险和车上人员责任险有哪些区别?

车上人员责任险主要作用是赔偿车辆因交通事故造成的车内人员的伤亡的保险。在购买时，必须指明投保座位数。在出现保险事故时，保险公司仅承担投保座位数以内的责任。

如果想为自己和车上人员多一份保障，建议购买人身意外险。人身意外伤害保险是指在约定的保险期内，因发生意外事故而导致被保险人死亡或残疾，支出医疗费用或暂时丧失劳动能力，保险公司按照双方的约定，向被保险人或受益人支付一定量的保险金的一种保险。保障项目分死亡给付、残疾给付、医疗给付和停工给付。那么发生在你身上的一切意外事件，都有了理赔的依据。表2-4是车上人员责任险与人身意外险的区别。

表 2-4　车上人员责任险与人身意外保险的区别

保障对象	座位上的人员	指定某个人
事故范围	使用车辆时，发生的意外伤害事故	所有意外伤害事故
赔偿范围	属于车主需要负担的丧葬费、伤亡赔偿、医疗费和误工费等项目	身故、残疾和医疗费用，部分还包括紧急救援和费用垫付等增值服务
价格水平	驾驶人座位每万元约40元左右，其他座位每万元约25元左右	每万元约10元左右

2-124 车上人员责任险是否值得购买?

1）私家车最好不要购买车上人员责任险。理由如下：

① 私家车的乘客大多是自己家庭的成员。

② 人身意外险的性价比要比车上人员责任险的性价比高几十倍，10元可保1万元而且24小时覆盖，所以不如去买司乘人员意外险或人身意外伤害险。

③ 多数公司只赔伤残或者死亡，皮外伤、骨折等不予赔偿（中华联合保险公司除外）。

2）商务车或经常搭顺风车的车辆最好购买车上人员责任险。理由如下：

① 车上的乘客不一定购买了人身意外伤害险。

② 保费不高，每个座位不到50元可以保1万元。

第五节 全车盗抢险

2-125 何为全车盗抢险?

全车盗抢险是指全车发生丢失被盗（图2-33），报案后超过60天还未找回时，保险公司负责赔偿。

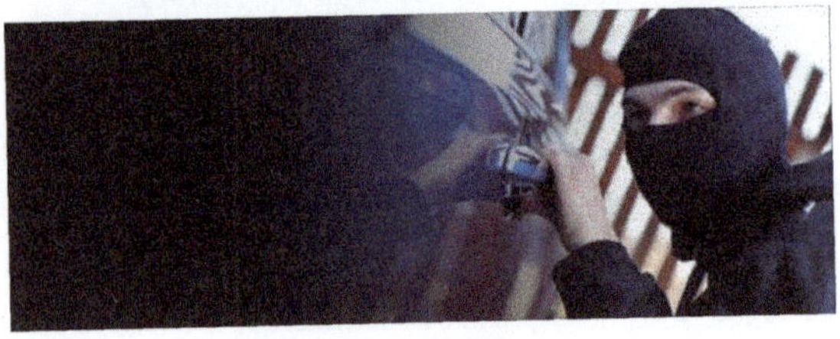

图 2-33　车辆被盗

2-126 哪些情况车辆被盗保险公司负责赔付?

1）被保险机动车被盗窃、抢劫、抢夺，经出险当地县级以上公安刑侦部门立案证明，满60天未查明下落的全车损失。

2）被保险机动车全车被盗窃、抢劫、抢夺后，受到损坏或车上零部件、附属设备丢失需要修复的合理费用。

3）被保险机动车在被抢劫、抢夺过程中，受到损坏需要修复的合理费用。

2-127 怎样确定全车盗抢险的保险金额?

全车盗抢险的保险金额在车辆实际价值内协商确定，即按车辆折旧后的实际价值来确定（月折旧率同车损险）。机动车辆的参考月折旧率如表2-5所示。

表 2-5　参考月折旧率表

车辆种类	月折旧系数			
	家庭自用	非营业	营业	
			出租	其他
9座以下客车	0.60%	0.60%	1.10%	0.90%
10座以上客车	0.90%	0.90%	1.10%	0.90%
微型载货汽车	/	0.90%	1.10%	1.10%
带拖挂的载货汽车	/	0.90%	1.10%	1.10%
低速货车与三轮汽车	/	1.10%	1.40%	1.40%
其他车辆	/	0.90%	1.10%	0.90%

实际价值的计算方法：实际价值 = 新车购置价 − 折旧金额。

特别提示：折旧按月计算，不足一月的不折旧；最高折旧金额不超过新车购置价的80%。

2-128 全车盗抢险的免赔率是怎样规定的?

全车盗抢险的免赔率规定：

1）发生全车损失的，绝对免赔率为20%。

2）发生全车损失、被保险人未能提供《机动车登记证书》、机动车来历凭证的，每缺少一项，增加1%的绝对免赔率。

3）投保时约定行驶区域，保险事故发生在约定行驶区域以外的，增加10%的绝对免赔率。

2-129 哪些情况下全车盗抢险不承担赔偿责任?

1）非全车遭盗窃，仅车上零部件或附属设备被盗窃或损坏（图2-34）。

图 2-34　车辆仅零部件损失不负责赔偿

2）被保险机动车被诈骗、收缴、没收、扣押（图2-35）造成的损失。

3）被保险人因民事、经济纠纷而导致被保险机动车被抢劫、抢夺。

4）租赁机动车（图2-36）与承租人同时失踪。

5）全车被盗窃、抢劫、抢夺期间，被保险机动车造成第三者人身伤亡或财产损失。

6）被保险人及其家庭成员、被保险人允许的驾驶人的故意行为或违法行为造成的损失。

7）被保险人索赔时，未能提供机动车停驶手续或出险当地县级以上公安刑侦部门出具的盗抢立案证明。

图 2-35　机动车被扣押

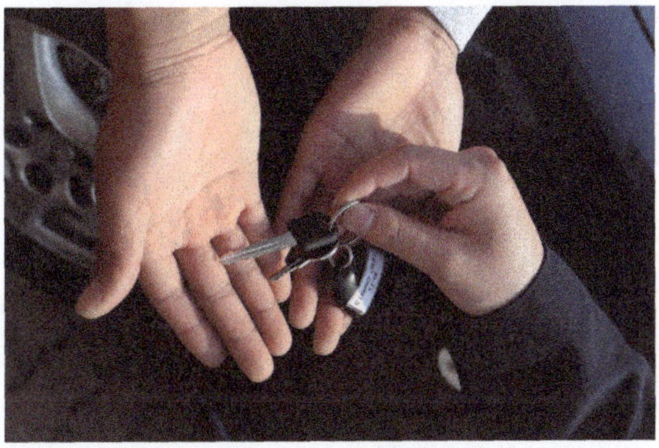

图 2-36　机动车租赁

2-130 选择全车盗抢险时应考虑哪些方面的因素?

1）车辆的防盗技术水平。若采用发动机芯片防盗技术（如帕萨特B5），就可应付一般小偷，而有解码机的大盗都盯着奔驰S级、凯迪拉克、宝马等高档车。

2）本地区的治安情况。如上海等地区因治安情况较好，车辆被盗的概率很小。

3）有无固定的停车场地。如果本地过夜停放在自己小区的停车场，且在外地过夜停放在星级宾馆，可以考虑不购买全车盗抢险。

4）行驶区域。如果经常外出驾车旅游或经常单独开省道的夜路，可以考虑购买全车盗抢险。

第六节 不计免赔

2-131 什么是免赔率？

所谓免赔率，是指不赔金额与损失金额的比率。免赔率分为相对免赔率与绝对免赔率两种。现行的车辆保险采用的是绝对免赔率，其做法是：保险公司对超出免赔率部分的损失进行赔偿，赔偿金额不包含免赔金额。可见，免赔率以下的部分损失，保险公司是不负责赔偿的。

2-132 什么是绝对免赔率？

绝对免赔率是指除事故免赔额外的赔偿金额，保险人对每次事故的赔偿金额免除一定比例的赔偿额。一般情况下，如果你在投第三者责任险时没有指定驾驶人和驾驶区域，在进行理赔时绝对免赔率都为0。如果你在投保时指定驾驶人，而发生事故时不是指定驾驶人驾驶，那么就要算上10%（某保险公司）的绝对免赔率；同样，如果你在投保时指定驾驶区域，而发生事故时不是在指定区域内，那么也要算上10%（某保险公司）的绝对免赔率。

2-133 什么是不计免赔？

不计免赔通常指的是车辆保险中的不计免赔险：是一种商业险（车损险或三者险）的附加险。不计免赔险作为一种附加险，需要以投保的“主险”为投保前提条件，不可以单独进行投保，其保险责任通常是指“经特别约定，发生意外事故后，按照对应投保的主险条款规定的免赔率计算的、应当由被保险人自行承担的免赔金额部分，保险公司会在责任限额内负责赔偿”。一般来说，投保了这个险种，就能把本应由自己负责的5%到20%的赔偿责任再转嫁给保险公司（图2-37）。

由于这个附加险保障全面，而费率却相对便宜，所以一经推出就很受车主欢迎。通常是指车主在投保购买此险种后，将车主由于事故责任所承担的免赔金额转给保险公司，车主领到的理赔额会更多。但不计免赔险只将车损险与第三者责任险的事故责任免赔率转嫁给保险公司。在购买车险时，车主应给车损险与第三者责任险分别投保不计免赔险，使自身理赔权益达到最大化。

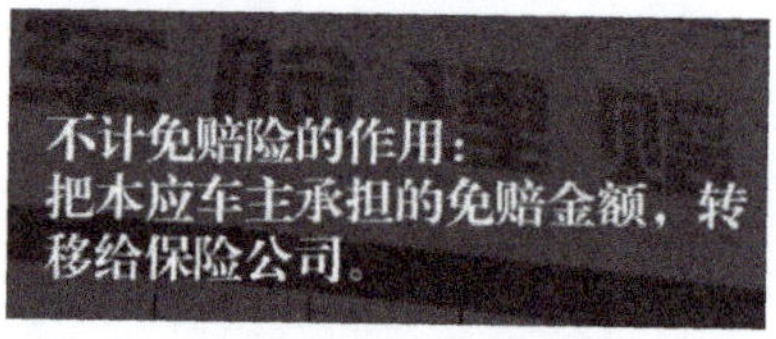

图 2-37　不计免赔

2-134 不计免赔险等于什么都赔吗？

不计免赔险是附加险的一种，它分为两种：基本险不计免赔险，附加险不计免赔险。前者针对车辆损失险、第三者责任险等基本险独立生效；后者统一对汽车附加险生效。这个险种的作用是把理应由车主承担的免赔金额转移到保险公司身上。

举例说明它的作用：当你失误驾车撞树（图2-38）造成了2000元的损失时，因为是单方肇事，正常来说保险公司只赔你损失的80%也就是1600块钱，但如果你购买了不计免赔险，你就能获得2000元的100%的赔偿。

图 2-38　驾车撞树的单方事故

2-135 哪些情况下不计免赔也不赔?

不计免赔险并不是对于所有事故都会100%赔付的，下列情况下，不计免赔也不赔。

（1）频繁出险产生的加扣免赔率 不赔

加扣免赔率是保险公司在你违反了规定，或者觉得你驾驶技术不靠谱的情况下，而额外增加不进行理赔的金额部分。加扣免赔率因为本身没有责任的认定，所以不计免赔是不赔的。

假如你一月内出了10次险（图2-39），前几次可能100%赔给你，后面就只赔你80%，这扣掉的20%就是加扣免赔率。又比如，你的车限载5人，你在载了10人的情况下出了事。这属于违反安全装载规定，保险公司只赔你80%，这扣掉的20%也是加扣免赔率。

图 2-39 频繁出险产生的加扣免赔率

（2）只购买基本险不计免赔险时汽车被盗被抢 不赔

基本险不计免赔险它本身只服务于车辆损失险和第三者责任险等这些基本险种。对于全车盗抢险、涉水险等附加险无效。在车辆被盗后，如果想获得全额赔付的话，就一定要买附加险不计免赔险。

（3）车停路边被划伤（图2-40）或第三者逃逸 不赔

不计免赔险免责条款第四条当中指出，因应当由第三者负责赔偿但无法找到第三者而增加的免赔金额，不赔。也就是说如果双方事故发生后，因为对方逃逸或者其他原因无法找到第三者的，不计免赔不生效。

如去年年底张先生发生碰撞事故，他刚下车检查，对方驾驶人就驾车逃逸了。报警后，交警认定对方全责。因为对方逃逸，张先生只能自己出了2万多元修车。事后理赔时，保险公司告诉他，这个事故情况属于“无法找到第三者”，不计免赔险不生效，只能赔70%（图2-41）。

图 2-40 车停路边被划伤

图 2-41 不全额赔偿

（4）事故没留证致使交警无法定责 不赔

如图2-42所示，有些车主在没有标清事故现场痕迹的情况下，就将汽车驶离现场，等到交警或者定损员过来时，发现无法判断双方责任。因为不计免赔险是根据车主自身的责任比例来决定赔付的。如果双方报险资料不足、事故责任难以确定，则无法作为理赔依据。这种情况下，不计免赔险也是不生效的。

如李某的车购买了不计免赔险，有次在开车回家的路上，在小区门口把一个骑电瓶车的妇女撞倒。当时因为急着送人去医院，并没有拍照留证。事后交警做出了事故责任无法认定的结论。就因为这个事故无法认定，保险公司理赔时判定李某的不计免赔不生效。

图 2-42 事故没留证致使交警无法定责

2-136 第三者责任险的免赔率是多少?

根据被保险车辆驾驶人在交通事故中的责任大小划定不同的免赔率(表2-6)。其中保险车辆驾驶人负全部责任的，事故责任免赔率20%；负主要责任的，事故责任免赔率15%；负同等责任的，事故责任免赔率10%；负次要责任的，事故责任免赔率5%。

表 2-6 汽车第三者责任险事故免赔率

被保险车辆所负责任大小	事故责任免赔率
负全部责任	20%
负主要责任	15%
负同等责任	10%
负次要责任	5%

第七节 玻璃单独破碎险

2-137 什么是玻璃单独破碎险?

如图2-43所示，玻璃单独破碎险，即保险公司负责赔偿保险车辆在使用过程中，发生本车玻璃破碎的损失的一种商业保险。玻璃破碎，是指被保险车辆只有风窗玻璃和车窗玻璃(不包括车灯、车镜玻璃)出现破损的情况。

保险公司对玻璃破碎通常按实际损失赔付，投保时不需要确定保险金额，但您要确定按国产还是按进口玻璃投保，以便理赔时确定按何种玻璃赔偿。

图 2-43 玻璃单独破碎

2-138 哪些情况玻璃单独破碎险可以赔偿?

在保险期间内，保险车辆在使用过程中，发生本车风窗玻璃或车窗玻璃的单独破碎，保险人按实际损失赔偿。

投保人在与保险人协商的基础上，自愿按进口或国产玻璃选择投保，保险人根据其选择承担相应的保险责任。

2-139 哪些情况造成的损失玻璃单独破碎险不承担?

玻璃单独破碎险损失不承担的情况如图2-44所示，

(1)玻璃贴膜损失

汽车玻璃贴膜已经成为当前人们的一种时尚和习惯，而且某些高档贴膜还价格不菲。汽车玻璃破碎更换后，贴膜也必须相应更换，无法重复使用，但是由于玻璃单独破碎险承保的是玻璃本身，保险公司对贴膜损失是不承担赔偿责任的。

图 2-44 玻璃单独破碎险不赔偿的几种情况

（2）天窗玻璃损失

当前一些中高档轿车都装有天窗，但天窗玻璃的损坏（图2-45），却不在玻璃单独破碎险赔偿范围内。因为玻璃单独破碎险条款规定，承保的玻璃范围只包括前后风窗玻璃和车窗玻璃。

（3）标识损失

如图2-46所示，汽车前风窗玻璃右上角会贴有诸如交强险标、年检标、环保标等标识，这些标识一般都是一次性粘贴使用，前风窗破碎更换时无法取下来重复使用。这些标识本身虽然价值很小。但是补办这些标识会产生一些时间成本和费用损失，这部分损失也不在玻璃单独破碎险赔偿范围内。

（4）进口玻璃按国产承保其中的差价损失

一些原装进口汽车或部分国产中高档汽车，都使用进口玻璃，在承保玻璃单独破碎险时可以注明按进口玻璃承保还是按国产玻璃承保，这其中的费率是有区别的。如果本身是进口玻璃而按照国产玻璃投保，出险后，保险公司会依据国产玻璃价格赔偿，对于与进口玻璃之间产生的差价损失不负责赔偿。

（5）附加设备的损失

有些车主由于某种需要，在汽车玻璃上安装了一些电子设备，例如卫星导航仪等。汽车玻璃遭受严重撞击损坏时，这些设备往往也会相应受损。由于属于新增设备，因此也不在玻璃单独破碎险赔偿范围内。

（6）修理过程中的玻璃破碎损失

对于在安装、修理汽车过程中造成的玻璃破碎损失，保险公司也不负责赔偿。玻璃单独破碎险条款明确规定，安装、修理机动车过程中造成的玻璃单独破碎属于除外责任。

图 2-45　天窗玻璃破碎不负责赔偿

图 2-46　前风窗玻璃标识

2-140 汽车玻璃上标识的信息的含义是怎样的?

如图2-47所示为汽车玻璃各标识的信息标注，下面分别介绍图中各序号所指符号所代表的含义。

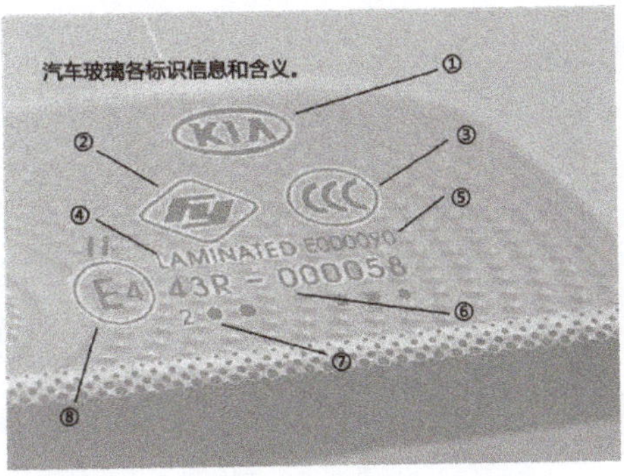

图 2-47　汽车玻璃各标识信息和含义

①汽车制造商的Logo。

②玻璃制造商的Logo。

③3C认证合格标志。

④玻璃类型：LAMINATED表示采用夹层玻璃，如果是钢化玻璃就用TEMPERED表示。

⑤汽车玻璃制造商的安全认证代码，每个制造商的每一间工厂都有一个这样的代码。

⑥代表通过欧共体第43号法规。00005——表示产品认证代码，不同产品的厚度和颜色代码不同。按照联合国/欧洲经委会R43或欧共体92/22/SEE指令批准的规则。

⑦代表玻璃产品的生产日期，其中的数字代表年，如果是2就代表2012年，以此类推，数字左边的点代表上半年，右边的代表下半年，左边的有几

个点就用7减去几，假如是一个点就是7-1=6月份的，右边的是用13减去几个点，假如有6个点就是13-6=7月份的，每边最多6个点。如上图就是2012年8月份生产的前风窗玻璃。

⑧表示欧洲经济委员会针对汽车零部件产品颁布的非强制标准，后面的数字代表的是颁发证书的欧洲经济委员会成员国的代码。

2-141 为何天窗、前照灯和外反光镜损坏玻璃单独破碎险不赔？

既然都是玻璃，为啥天窗、前照灯和外反光镜就不赔？如果按早些年的情况看，车灯或反光镜单独损坏（图2-48）、丢失，就是不赔！而该条免责条款的制定是为了对付某些修理厂的骗保行为。之前某些修理厂常常用换下来的破损车灯或者倒车镜装到车型相同的其他车上来骗取赔款。另一方面，因为这一免责条款，不少车主即使是无心的剐蹭也将得不到赔偿。

图 2-48　车辆外反光镜损坏不赔

2-142 怎样区分进口玻璃和国产玻璃？

玻璃险分为进口和国产两种，一般情况下，保险公司会根据车型来辨别是国产还是进口玻璃。事实上，即便是高档进口车，其原厂配套的就是中国品牌的玻璃。而且国产玻璃和进口玻璃的单项保费差价相差将近十倍，选择国产玻璃险可以节省不小的开支，目前车辆上常装备的国产玻璃品牌和进口玻璃品牌如图2-49、图2-50所示。

图 2-49　国产汽车玻璃品牌

图 2-50　汽车玻璃进口品牌

2-143 玻璃单独破碎险的理赔情况有哪些？

一般情况下，在保险公司理赔时，分为行驶中破损（图2-51）和停放中破损（图2-52）两种情况。行驶中破损是指车辆在正常行驶的时候，不慎被飞来的石子或异物击中，导致的玻璃受损。停放中破损是指车辆在停放中被人为损坏、高空坠物或其他不明原因造成的破损。

图 2-51　汽车行驶中玻璃被击碎

图 2-52　汽车停放路边玻璃被击碎

2-144 投保玻璃单独破碎险怎样选择玻璃?

准备购买玻璃单独破碎险的车主，在投保时一定要看清条款。无论是哪家保险公司，在投保时都可以选择进口玻璃或国产玻璃两种选项（图2-53），通常情况下，部分进口车型可以选择进口玻璃险或者国产玻璃险，而合资或中国品牌汽车基本都是国产玻璃居多。

进口玻璃投保费率：新车购置价×0.25%。国产玻璃投保费率：新车购置价×0.15%。

有部分车主在投保该险种时，由于没有太介意玻璃险的种类，结果换玻璃时才知道投保的是国产玻璃险，国产玻璃几千元，原车的进口玻璃则要高达万元，而保险公司也只能按国产玻璃价格对你进行赔付，你说自己得补多少钱吧?

图 2-53 投保玻璃单独破碎险玻璃选择

2-145 玻璃单独破碎险有没有必要购买?

一般常见的家用车型，投保玻璃单独破碎险一年的保费大约两三百元，而更换全新玻璃，差不多就要六七百元。有很多车主都认为这个险种很不划算。因为不少车主都会钻“车损险”的空子，因为很多时候，玻璃与车身同时出现损坏的情况并不少见，一般来讲这种情况下保险公司是会通过车损险进行理赔的。不过，如果你的车辆出现了玻璃单独破碎，就不能指望车损险理赔了。所以，这里面孰轻孰重，还得您自己拿主意。

因此，对于部分车主来讲，尤其那些每年跑几万公里，还经常跑长途的朋友来讲，投保玻璃单独破碎险（图2-54）还是很有必要的，还有那些经常停路边，而周边治安又不太好的情况下。因为玻璃损坏区别于车身损伤，车身被人划了一道也不会影响正常行驶，大不了攒着年底一起修也问题不大，但风窗玻璃或车窗玻璃一旦破碎可就会直接影响行驶安全了。

图 2-54 玻璃单独破碎险

第八节 划痕险

2-146 什么是划痕险?

划痕险全称车身划痕损失险，家庭自用车辆、非营业车辆可投保，是指在保险期间内，保险车辆发生无明显碰撞痕迹的车身表面油漆单独划伤（图2-55），保险公司按实际损失负责赔偿。划痕险是车辆损失险的附加险，即需要在投保了车辆损失险的情况下方可投保，不可单独投保。

图 2-55 车身划痕

2-147 划痕险的保障内容有哪些?

划痕险的保险金额一般为2000元、5000元、10000元和20000元四种，具体的投保由车主和保险公司商定。这个保险在赔偿时是按照实际的维修费用进行赔偿，每次赔偿时有15%的免赔率，当保险期间累计赔偿金额达到保险金额时，本合同自动终止。

划痕险一般可以保障汽车本身由于受到尖锐物体的剐蹭造成的车漆破坏，比如小刀、石子、钥匙等。但要提醒车主注意的是与其他物体发生碰撞造成的损失如车辆碰撞、剐蹭到固定物体（图2-56）等情况，就不属于划痕险的保障范围之内了，而属于车损险范畴。

划痕险的保险责任是“他人恶意行为造成保险车辆车身人为划痕”，如果是被保险人及其家庭成员、驾驶人及其家庭成员的故意行为造成的损失就属于免责范围了。

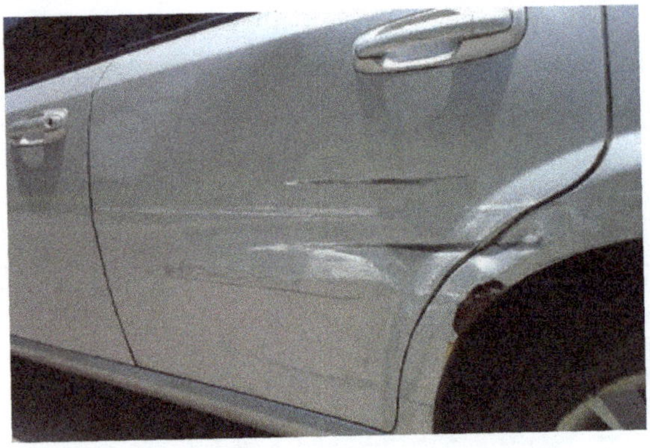

图2-56　车身刮蹭不属于划痕险的范围

2-148 划痕险如何理赔?

划痕险如何理赔的问题，车主们首先应该明确的一点就是车子出现无刮擦、碰撞痕迹时的单独划痕，就可以由划痕险来赔，但是要是在行驶过程中出现的碰撞、刮擦而导致的汽车漆面的划痕，就不在划痕险理赔范围了。

由于划痕险的赔付率普遍在200%到300%之间，所以一般在众多险种里划痕险都是处于亏本经营的状态，大多数保险公司都只针对新购买的车或者两三年内新车才会承保。划痕赔付限额一般是2000元、5000元。

车主们还要注意的是，划痕险是累计赔付的，也就是说如果投保的划痕险保额是5000元的，出险不限次数，但赔偿累计金额不能超过5000元，超过5000元保险合同就会自动终止。此外，不少保险公司都对划痕险设置了免赔额，免赔率在15%到20%不等。

1）如果被保险车辆被刮花，一定要及时向保险公司现场报案，进行正常的理赔程序。向保险公司报案时，要特别注意报案时间，一般是48小时之内；如果超时，就需被保险人携身份证原件，亲自到保险公司补报案。保险公司对车辆定损之后再到4S店修车。如果车辆在道路上被划伤，需由交警开事故证明，如果车辆在非道路上被划伤，需由派出所开事故证明。

2）事后报案是必须的，如果没有现场则需要你所在地的派出所证明你的车子是有人蓄意或者别的什么原因被划，所以你最好先报案，然后打电话给自己车辆承保的保险公司，由保险公司来进行下一步处理。

3）车辆出现漆面损伤后，不需要现场报，你有时间的话就可以打电话给你的保险公司报案。 然后等定损员联系你，看车子的具体损失情况。给你的车辆进行定损并报价。你拿着定损单去修理厂维修、付钱、拿发票。之后带齐材料去保险公司理赔就可以了。

2-149 投保划痕险有哪些注意事项?

车辆划痕险所适用的车辆是私家自用车，不适用于营业性用车；当爱车出现划痕时，我们必须保证爱车没有刮擦和碰撞的痕迹，当车辆出现了碰撞和刮擦痕迹时就不能利用车辆划痕险来进行理赔。通常情况下保险公司对于划痕险设置有上限，当理赔额达到上限时，保险合同就自动终止，另外通常保险公司还设有一定限度的免赔额。

2-150 “有纠纷”的划痕保险公司赔偿吗?

停车不规矩，占了人家小区入口，结果被人家划了车身，和邻居有任何经济纠纷、债务、民事纠纷等，导致报复性划车（图2-57），只要被保险公司证实，都是会被拒赔的！亲戚的孩子不懂事划了自家车辆，这些情况划痕险也都是不赔付的！

图 2-57　这种情况划痕险不赔

当然，如果你的车正常停在车位或路边，结果被人无故划了车，无论你是否逮到了肇事者，都是可以通过划痕险来索赔的（要向保险公司证明没有获得私下赔偿，也没有直接私了，否则不出险）。

2-151　漆面被泼油漆 / 天然腐蚀保险公司赔偿吗?

对于鸟屎落在车漆表面造成的腐蚀（图2-58）、被人泼了油漆导致车漆损伤，以及车辆油漆发生了自然腐蚀或由于天气原因造成的漆面损伤，这些情况划痕险也是不管赔付的。

图 2-58　车漆表面的鸟粪造成的腐蚀划痕险不赔

2-152　车辆在高速行驶时被石子崩掉漆划痕险赔偿吗?

车辆在高速行驶时被石子崩掉漆（图2-59）管不管赔? 这种情况属于：车辆和石子发生了碰撞，事件的发生过程符合车损险的定义，所以需要走车损险进行理赔。另外像是倒车的时候蹭掉了车漆，但车辆保险杠没有发现形变或物理硬伤，也是属于车损险的范围，道理同上。

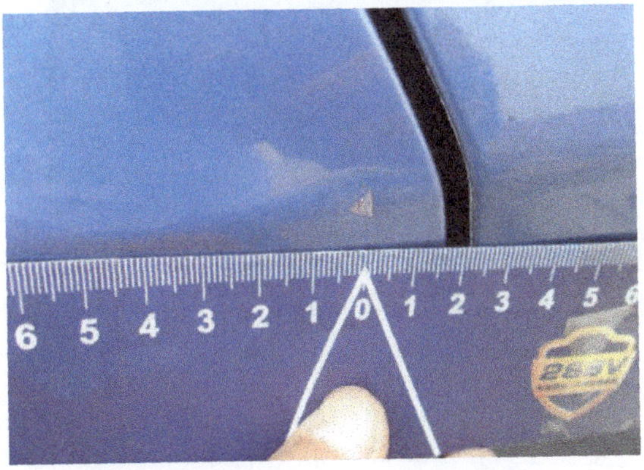

图 2-59　汽车高速行驶被崩掉的漆

2-153　划痕险对投保车辆年份有限制吗?

由于车身划痕险的赔付率相当高，因此，有保险公司规定，除了新车以外，对旧车要求投保车辆上一年的出险次数不能超过两次，如果是出险一次，赔付金额不超过保费的30%，并且要求购买的车辆一般不超过五年，各家保险公司的年限要求各不相同。

2-154　想攒着一身的伤，年底走车损险修可以吗?

有不少车主都认为，一般车辆有划痕，都会攒着不修，最后留着一起走车损险修复，这样就不用上划痕险了，完全可以用车损险代替划痕险，事实是不是这样的呢?

划痕险只负责车辆表面的油漆划伤，车损险则是修复物理伤痕的，刮伤、撞伤都是车损险的范围，所以如果你想攒着一年的“混合伤痕”到年底走车损是绝对不可以的。

但是如果你的车停在路边，被人一次性地划了一个圈、半个车身都给划了，这样的情况只要符合划痕险的鉴定标准，属于漆面划痕，则是可以获得理赔的。

第九节 自燃险

2-155 什么是自燃险？

自燃险，即车辆附加自燃损失险（图2-60），在保险期间内，保险车辆在使用过程中，因本车电路、线路、油路、供油系统、货物自身发生问题、机动车运转摩擦起火引起火灾，造成保险车辆的损失，以及被保险人在发生本保险事故时，为减少保险车辆损失所支出的必要合理的施救费用，保险人负责赔偿。

图 2-60 自燃险

2-156 车辆发生自燃怎么处理？

遇到自燃情况（图2-61），如果火势比较小且能找到着火点的话，可以尝试使用灭火器进行自救，如果火势严重，应该立刻撤离车辆并且拨打119火警，待消防部门到现场处理火情。处理完毕后，消防部门会出具一个火灾事故原因证明，这点很关键，如果车子属自燃险理赔范围并且投保了自燃险，就可以向保险公司索赔了。

理赔时又分两种情况，如果受损情况有修复意义，保险公司会在车损险保额范围内进行赔付。第二种情况是车辆没有修复意义，保险公司则会按全损处理，此时需要根据车辆购买时间以每月千分之六的折旧率计算最终赔付金额。以车损险保额10万元为例，车辆使用2年折旧14.4%，最终赔付85600元。

图 2-61 车辆自燃

2-157 只要是车辆起火燃烧都可以通过自燃险获赔吗？

并不是所有的起火燃烧都可以通过自燃险赔付，重点在是否“自燃”二字。如图2-62所示，常见的车辆起火分以下几种情况：正常行驶中自燃、

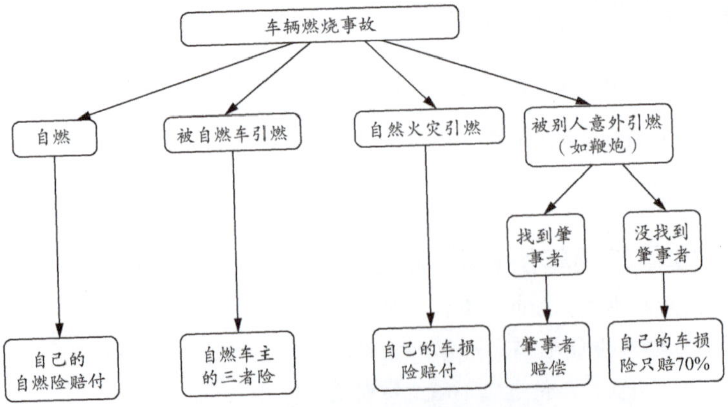

图 2-62 车辆燃烧事故的不同情况

被其他自燃车辆引燃、自然火灾引燃、人为意外引燃。其中只有因为车辆本身问题自燃才能通过自燃险赔付，而由于其他车辆和人为引燃的事故就要通过其他渠道赔付了。

如果是被其他车辆引燃需要通过对方的车损险进行赔付，如果是因为自然火灾引起的燃烧，可通过自己的车损险进行赔付；还有一种常见现象就是过年时被鞭炮引燃，这种情况就只能想办法找到肇事者进行赔付，如果找不到肇事者的话，可以通过自己的车损险赔付，不过这种情况保险公司有权免赔30%，只能得到70%的赔付，即使你投保了不计免赔在这种情况下也不会得到全部赔偿，因为被鞭炮引燃属于特例。

2-158 改装过电路的车辆自燃可以得到保险公司赔付吗？

关于这个问题有一个关键点，就是购买自燃险是在改装之前还是改装之后。如果在改装前购买了自燃险，然后对车辆电路进行了改装，引发自燃事故（图2-63），保险公司有权利拒赔，因为这属于个人原因。如果是在对车辆改装之后去上自燃险，保险公司首先会对车辆进行审核，如果符合保险公司的条款即可增购自燃险，在这种情况下发生自燃是可以得到保险公司的赔付的。

图 2-63 改装过电路的车辆自燃

2-159 怎样预防车辆自燃？

使用年头较长和保养不好的车辆在夏天出现自燃的概率比较大，新车也有可能出现。所以在夏季到来之前，建议您对车辆进行一个全面检查（图2-64），预防自燃发生，因为即使上了自燃险，一辆车烧没了心里也不是滋味，理赔也麻烦。所以在夏季，油路和电路系统必须检查，在长期使用后这两部分会出现老化现象，“漏油+漏电”是多数自燃事故的根本原因，灭火器也是必须装备的。

图 2-64 对车辆进行全面检查

2-160 哪些情况最适宜购买自燃损失险？

1）车主喜爱改装车辆。因车主大肆改装音响（图2-65）、防盗器、电动天窗等，容易使电路超负荷而引起自燃。

2）使用5年（或10万公里）以上的车辆。因电线老化容易引起自燃。

3）发动机舱曾经维修，以及在非正规的维修厂维修过电路、油路及其周边机件，而本人没有在现场监督的。

4）使用频率高的汽车（如公交车、某些私家车）。因很少有时间检修，加上线路易老化短路，自燃的概率较大。

5）长时间使用空调的汽车（如出租车）。因发动机负荷大且电线易老化，所以容易引起自燃。

6）超载车（如货车）。因发动机过热且钢板几乎被压平，导致机械摩擦而容易引起自燃。自燃损失险保障范围窄且费率高，性价比不高，车主一定要根据自己车辆的实际情况选择投保。

图 2-65 音响改装

第十节 涉水险

2-161 什么是涉水险?

涉水险或称发动机特别损失险（图2-66），各个保险公司叫法不一样但本质一致：车辆涉水险，这是一种新衍生的险种，均指车主为发动机购买的附加险。保险车辆在积水路面涉水行驶或被水淹后致使发动机损坏可给予赔偿。

图 2-66 涉水险

2-162 怎样正确投保涉水险?

涉水险（图2-67）大多数车主可能不会投保，因为车主可能觉得投保了车损险，即使车辆出现问题也有这个险种进行理赔，但事实并不是这样的，因为只要不是发动机因为被淹受损，都属于车损险的理赔范围。但如果发动机进水受损，只有投保了涉水险的车主才能获得赔偿。很多车主困惑的问题是，在购买了“全险”遇到涉水现象无法得到理赔，这是因为所谓的“全险”是指所有的主险（三者险、车损险、盗抢险、交强险），而如涉水险这种附加险需要另外购买。

图 2-67 涉水险投保

2-163 如果购买了涉水险，什么样的损失才能由涉水险赔付?

日常生活中常见的水淹车案例有以下几种：① 下雨造成的水淹（图2-68）；② 车辆掉入水中（图2-69）；③ 车辆停在地下车库等地方被水淹没（图2-70）。所以建议常驻雨水较多城市的朋友购买一份涉水险，有备无患，毕竟发动机要是因水淹“挂了”，维修起来的费用是个不小的开销。

图 2-68 涉水险的理赔范围

图 2-69 车辆落入水中

图 2-70 车辆在地下车库被水淹没

2-164 什么情况下保险公司会拒赔涉水险？

有一种情况即便是涉水行驶而造成的发动机受损，涉水险也是不赔付的，这就是“二次打火”（图2-71）。许多车主在水中熄火后，往往会尝试再次起动发动机，这对发动机来说无疑是“雪上加霜”。水是不能压缩的，在水中再次起动水会被吸到发动机内，会造成气门和活塞连杆等系统的严重损坏，这是人为造成的损失，各家保险公司都有权利拒绝赔偿。

图 2-71　车辆涉水后严禁二次点火

2-165 二次点火或没购买涉水险，是否无法得到任何赔付？

这里请放心，如果真的是由于人为操作导致的发动机报废，也只是得不到涉水险的赔偿金，涉水险仅仅针对发动机由于进水后造成的损失（图2-72），如进水后二次起动造成的连杆弯曲、断裂，发动机气缸长锈，而车辆由于涉水后造成的其他损失（比如电路的更换、内饰部分的更换和拆装等产生的费用）由车损险进行相应的赔付。另外，如果车辆在停止状态被水浸泡，一般不会造成发动机损坏，发动机以外的水淹损失都可以由自己的车损险进行赔偿。

图 2-72　进水后的发动机

2-166 车辆一旦出现涉水后怎么处理？

车辆一旦遇到水淹熄火的情况，应当保持冷静，观察一下车头的水深，如果水已经淹到了进气口的位置那么千万不要尝试再次点火，这个动作会导致保险拒赔。正确的做法是下车到安全的地方等待救援（图2-73）。如果积水很深，打开车门窗时水会迅速灌入，所以应在下车前收集好车上的重要物品，特别是手机和证件。很多保险公司都有免费救援服务，可以视情选择。我们了解到平安保险公司还针对车辆涉水等理赔维修案件提供快赔服务，也就是先赔付，再修车，查勘员将首先在现场收集客户理赔资料影像件，当案件核损通过并在修理厂确认车辆维修方案后，保险公司即刻启动赔款支付程序。

图 2-73　车辆涉水后要到安全地方等待救援

2-167 可不可以在雨季前单独增购涉水险？

涉水险作为车损险的附加险，在购买时间上是比较灵活的，可以随时增购，保险公司会从加保之日起计算保费（图2-74）。

省钱小技巧：如果您所常驻的城市经常下雨，在夏天雨季到来之前购买涉水险即可，保费从投保之日次日0时生效。但这里要注意的是，临时加保需要通过投保时的渠道进行购买，例如之前是通过4S店购买的还需要到4S店增购涉水险，之前通过电话车险购买，可以再次通过电话车险购买。

图 2-74 涉水险的购买

2-168 涉水险什么价格？

涉水险是车损险的附加险，如果没有购买车损险是不能单独购买涉水险的，车价越高，相应的保费也越贵。在拥有车损险的前提下，涉水险的保费是车损险的5%。如果按照一辆售价15万元的家用车为例，这辆车的涉水险大概在100元左右。表2-7是从平安保险公司采集的不同级别车型的涉水险价格。

表 2-7 不同级别涉水险保费价格举例参考（本价格仅供参考）

车型举例	速腾 1.4TSI 自动时尚型	奥迪A6L TFSI 标准型	奔驰S300L 尊贵型
保险公司承保价	15.08万元	40.00万元	99.80万元
车损险保费	1890元	4330元	10186元
附加涉水险保费（含不计免赔）	94元	217元	509元

数据来源：平安车险直销平台新车报价

注：以上表格中的承保价是由保监会统一规定的，普遍比新车官方价格略低。

虽然发生涉水的概率在交通事故中占的比例很小，但一旦发生损失就小不了。从保费方面来说，相对于个别级别车型的车损险费用来说，附加的涉水险价格只是很小一部分。对于20万元之内的家用车来说，大约每年100元左右的事儿，对于发动机动辄上万元的维修费来说，这个投资还是值得的。

第十一节 新增设备险

2-169 什么是新增加设备损失险？

新增加设备损失险是第三大附加险，负责赔偿车辆由于发生碰撞等意外事故而造成的车上新增设备的直接损失。如：加装制冷设备、CD及电视录像设备、真皮或电动座椅等。

新增加设备损失险属于附加险的一种，它负责赔偿由于发生碰撞等意外事故，而造成的车上新增设备的直接损失。如图2-75所示，新增设备可以是加装的制冷设备、CD及电视录像设备、真皮或电动座椅、外包围、前照灯及轮毂等。

图 2–75　新增设备

2-170　新增设备险要怎么购买？

如果你要购买新增设备险，建议先致电（电话随便在网上一搜就能找到）相应保险公司询问是否有这个保险服务，自己改装/新增的设备是否属于保险范围。

在得到确定答复后，带上改装部件的购买发票，驱车前往保险公司营业点。保险公司会对改装/新增的设备拍照留底，同时根据购买发票对改装/新增设备的品牌、型号、价格数量等进行详细记录，作为以后理赔的依据。

2-171　车辆上的任何新增设备保险公司都可以承保吗？

虽然新增设备险可以承保的改装范围并不小，但如果是特别夸张（图2–76），会造成行驶隐患的改装，很可能会被拒绝承保的，这点需要特别注意！

图 2–76　某些新增部件保险公司可以不予理赔

2-172　车辆的新增设备损坏保险公司为何不赔？

在车辆损失险和全车盗抢险的免责条款（图2–77）中规定，新车车辆出厂时的原厂配置以外新增设备的损失，保险公司不赔。现在很多车主在新车买回来之后，都热衷于自己再加以装饰一番，例如加个包围，加个尾翼什么的。不过，在日常使用过程中就要注意了，这类新增部件的损坏，均不属于保险公司的赔偿范围，除非另外为这些新增部件买“新增加设备损失险”。

图 2–77　看清车险的免赔条款

2-173　为何新增设备险很多保险公司上不了？

根据这几年保险业的实际情况来看，各家保险公司都有新增设备险这个险种，但多数保险公司表示“上不了”。导致这种情况的原因主要是因为有不少人利用新增设备险骗保。在配件市场买个副厂前照灯或者大包围，直接一撞，赔个上万块。其实成本只有千八百块。

不过随着保险改革，这种情况已经有所改观，承接这个险种的保险公司也开始增多，广大车友如有需求的话，可以致电相应保险公司咨询投保事宜。最后要注意的是，如果要上新增设备险，必须留好改装件的发票（图2–78），才能进行估价。

图 2-78 留好新增设备的发票

2-174 新增设备险的理赔有哪些注意事项？

新增设备险出了保单后，要注意别忘了三件事：

1）新增设备单独损坏不赔（图2-79），只有造成事故后连带的损坏，才可以赔付。

2）根据全责、主责、同责、次责，获赔比例分别是80%、85%、90%、95%！

3）赔付金额需按照折旧价进行赔偿（与保险公司商定）。

图 2-79 新增设备险的不赔情况

2-175 车主到底有没有必要购买新增设备险？

根据相关的情况数据，买新增设备险的无非这么几种情况：改了几万块甚至更贵的外观套件的（比如有些性能车的改装套件，高达十几万），改装奢华音响系统的，还有就是那种等货都要半年甚至更多的进口零配件、大轮圈什么的（越野车上常见的整车风格套件，同样价值不菲）。

这么一看，这些重症分子确实需要这么一份保障，以确保他们的改装不至于发生意外时没人管。

2-176 汽车改装后有哪些影响？

汽车改装（Car modification）是指根据汽车车主需要，将汽车制造厂家生产的原形车进行外部造型、内部造型以及机械性能的改动（图2-80），主要包括车身改装和动力改装两种。

如图2-81所示，很多人都喜欢给自己的爱车来点个性化的改装。小的有贴拉花换轮胎轮毂，大的从外形到动力全改了个遍。个性化的目的是达到了，但是很多车主却没意识到，汽车改装除了年审时有麻烦外，保险理赔方面也会有各种问题。

图 2-80 汽车机械性能的改动

图 2-81 改装后的汽车

2-177 汽车轮胎、轮毂的改装单独损坏保险公司是否赔偿？

轮胎、轮毂这两个部件本身就属于保险免赔的范围。无论你改装后的轮胎、轮毂（图2-82）多贵、多豪华，它还是属于免赔范围。如果在事故当中单独损坏，或者被盗窃，保险公司都是可以不赔的。

这里要注意的是单独损坏的情况下不赔，如果是在剧烈事故当中，造成的连带损毁，是可以理赔的。不过相信大家都不太希望这样的事儿发生。

图 2-82　改装后的轮胎轮毂

2-178 改变车辆用途而损毁保险公司赔偿吗？

有很多车主在修改了汽车的动力系统后，都会忍不住地想要去飙上一把，体会那种追风汉子的感觉。更有甚者把改装后的家用车用于赛车（图2-83）。如果在这过程当中出了事故，保险是不赔的。因为家用车的使用途径并不包括赛车。

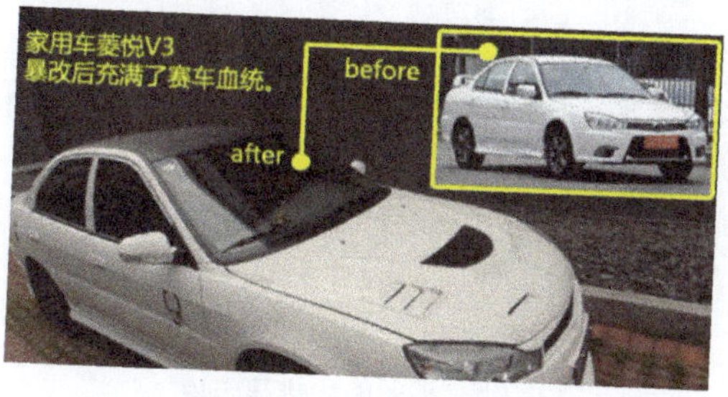

图 2-83　改变车辆用途

2-179 车辆改装后未告知保险公司，出险后保险公司可以赔偿吗？

如图2-84所示，在保险合同的通用条款中明确规定，车主在保险期间，对车辆改装、加装等有义务通知保险公司增加保险费用或者解除合同，未履行义务的车主，在改装、加装后发生的事故，保险公司不承担赔偿责任。

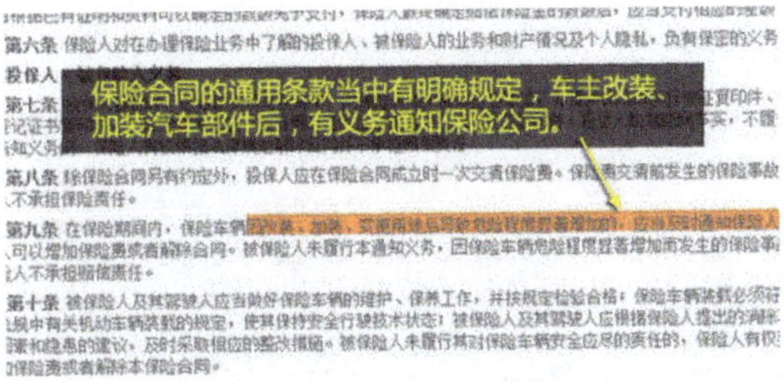

第六条 保险人对在办理保险业务中了解的投保人、被保险人的业务和财产情况及个人隐私，负有保密的义务

第八条 除保险合同另有约定外，投保人应在保险合同成立时一次交清保险费。保险费交清前发生的保险事故，……不承担保险责任。

第九条 在保险期间内，保险车辆因改装、加装、变更用途后导致危险程度显著增加的，应当及时通知保险人……可以增加保险费或者解除合同。被保险人未履行本通知义务，因保险车辆危险程度显著增加而发生的保险事……人不承担赔偿责任。

第十条 被保险人及其驾驶人应当做好保险车辆的维护、保养工作，并按规定检验合格；保险车辆装载必须符……法规中有关机动车辆装载的规定，使其保持安全行驶技术状态；被保险人及其驾驶人应根据保险人提出的消除……因素和隐患的建议，及时采取相应的整改措施。被保险人未履行其对保险车辆安全应尽的责任的，保险人有权……保险费或者解除本保险合同。

图 2-84　保险合同相关规定

2-180 外观改变明显且未修改行驶证保险公司可以赔偿吗？

如图2-85所示，在汽车改装当中，加个包围、换个车身颜色、喷个哑光漆、贴些拉风个性的拉花是最常见的，也是从外观来说最容易看出来是改装过了的（图2-86）。

但是如果你不及时更换相应的行驶证，当你开着这辆拉风的车出了事故时，交警就会在事故认定中写上非法改装字样，到了这个时候，赔不赔你钱就真的看保险公司的心情了，心情不好完全可以有理由拒赔。

图 2-85　加装大包围

图 2-86　汽车改装前后对比

2-181 什么是非法改装?

非法改装是指未经公安交通管理部门允许，擅自改装机动车底盘、发动机、悬架、变速系统、转向系统、车胎轮毂（图2-87）、车灯、车身颜色喷涂和外观结构（图2-88），以及机动车的有关技术数据与国务院机动车产品主管部门公告数据不符的都属于非法改装行为。

图 2-87　改装轮毂轮胎

图 2-88　交警拦下非法改装车

2-182 小改装及时通知保险公司修改保单可以理赔吗?

如果只是简单地对外观方面进行了细微调整，或者加装了类似日间行车灯这样的小部件。最好提前和保险公司取得联系，列出改装的明细与价格并修改保险合同。在进行了以上操作后，如果事故当中造成改装部件损毁，保险公司就会按你提供的价格明细进行赔偿，否则只会赔偿你原厂件而非改装件。

2-183 大改装购买新增加设备损失险保险公司可以理赔吗?

如果进行了较大部分的改装或者加装了较为贵重的部件。例如加装的后排显示屏（图2-89）、制冷设备、CD及电视录像设备、真皮或电动座椅等，就建议购买新增加设备损失险了，并列明新增设备明细表及价格。因事故发生而导致新增部件的损毁，保险公司就能根据物品明细和价格表进行赔偿。

图 2-89　加装的后排显示屏

CHAPTER

第三章

汽车保险承保

第一节 车险投保

3-184 什么是保险合同的订立?

保险合同的订立（图3-1）是指投保人与保险公司之间基于意思一致而进行的法律行为。保险合同与其他合同一样，其订立过程往往是一个反复要约（协商）的过程，最终达成协议。通常是投保人提出要约申请，保险公司作出承诺并签发保险单或者其他保险凭证。

图 3-1　保险合同的订立

3-185 什么是承保？什么是投保?

承保是指签订保险合同的过程，即投保人和保险公司双方通过协商，对保险合同的内容取得一致意见的过程。从广义上讲，承保包括保险的全过程；从狭义上讲，保险承保就是当投保人提出投保请求时，经审核其投保内容后，同意接受其投保申请，并负责按照有关保险条款承担保险责任的过程。

投保是投保人向保险人表达购买汽车保险意愿的行为，具体表现为对汽车保险条款的认真阅读和投保单的如实填写。

3-186 承保管理有哪些意义?

如果车险承保工作不到位，将使劣质标的被保险公司接受，这必然导致高出险率，从而导致保险公司理赔的工作量增加，使保险公司的管理投入加大，经营成本攀升。

1）避免劣质标的投保，使保险理赔处于主动地位。

2）减小保险公司的经营、管理成本。可以这么说，对保险公司而言，其承保管理比理赔管理更为重要。

3-187 什么是保险展业?

保险展业（图3-2）是保险人向客户宣传保险、介绍保险产品的过程，是保险经营的第一步。展业工作做得如何，直接影响保险产品的销售量，直接影响用于事故补偿的保险基金积累的多少，因此，各家保险公司都非常重视展业工作，不断提高展业人员的业务素质，利用代理人、经纪人拓宽服务网络，同时注重加强保险的宣传。

图 3-2　保险展业

3-188 展业人员应具备的业务能力有哪些?

1）掌握保险基本原理、运行原则、保险合同等基础知识。

2）掌握条款、费率规章、承保规定、理赔流程等。

3）掌握本地区车险市场动态和竞争对手的业务重点、展业手段。

4）熟悉机动车辆使用的常见风险及管理方法。

5）熟悉本地区汽车保有量、增长量、各类车型所占比例、以往保险情况、事故次数、出险赔付等。

6）熟悉客户需求，尤其是大客户，以便做好公关工作。

7）了解交通管理、交通事故处理的相关法律法规。

8）了解汽车保险的相关法律法规。

9）了解机动车辆管理的相关法律法规，如《汽车报废标准》等。

3-189 保险的核保业务是怎么回事?

保险公司除了要大量承揽业务以外，还要保证每笔业务的质量。如果大量承保不符合要求或风险较大的业务，将使保险公司赔付率上升，影响其经营效益。保险核保（图3-3）是保险人对每笔业务的风险进行辨认、评估、定价，并确认保单条件，以选择优质业务进行承保的一种行为。所以，核保对于控制经营风险，确保保险业务的健康发展有十分重要的作用，它是保险承保过程中的重要环节之一。核保完毕后，核保人在投保单上签署意见，将投保单、核保意见一并转业务内勤据以缮制保险单证。对超出本级核保权限的，应报上级公司核保。

图 3-3　保险核保

3-190 核保机构设置模式有哪几种?

核保机构设置模式（图3-4）有两种：分级设置模式和核保中心模式。

（1）分级设置模式　根据内部机构设置情况、人员配备情况、开展业务需要、业务技术要求等设立数级核保组织。比如人保公司在各省分公司内设立三级核保组织，即省分公司、地市分公司（营业部）、县支公司（营业部）。这是我国普遍采用的一种模式。

（2）核保中心模式　即在一定的区域范围内设立一个核保中心，通过网络技术，对所辖的业务实行远程核保。其优点在于：所有经营机构均可得到核保中心的技术支持，最大限度地实现技术和优势共享；同时，核保中心可对各机构的经营行为进行有效控制和管理。

按照核保管理集中的趋向，核保中心将成为今后保险公司核保的一个重要模式，同时网络技术的发展和广泛应用，为远程的集中核保提供了有利的条件和必要的技术保证。

图 3-4　核保机构设置

3-191 核保人员的等级和权限是怎样的?

目前核保人员一般分三个等级，根据不同等级，授予不同的权限。

一级核保人主要负责审核特殊风险业务，包括高价值车辆的核保、特殊车型业务的核保、车队业务的核保，以及下级核保人员无力核保的业务。同时，还应及时解决其管辖范围内出现的有关核保技术方面的问题。

二级核保人主要负责审核非标准业务，即在核保手册中没有明确指示核保条件的业务，如保险金额、赔偿限额、免赔额等有特殊要求的业务。

三级核保人主要负责对常规业务的核保，即按照核保手册的有关规定对投保单的各个要素进行形式上的审核，亦称投保单核保。

3-192 核保手册的内容有哪些？

核保手册，即核保指南，是将公司对于机动车辆保险核保工作的原则、方针和政策，机动车辆保险业务中涉及的条款、费率以及相关的规定，核保工作中的程序和权限规定，可能遇到的各种问题及其处理的方法，用书面文件的方式予以明确。

核保手册是核保工作的主要依据（图3-5）。通过核保手册，核保人员能按统一标准和程序进行核保，可实现核保工作的标准化、规范化和程序化。

图 3-5　核保手册

3-193 核保的主要内容有哪些？

1）审核投保单是否按规定内容与要求填写，有无错漏。

2）审核保险价值与保险金额是否合理。

3）审核业务人员或代理人是否验证和查验车辆，是否按要求向投保人履行了告知义务，对特别约定的事项是否在特约栏内注明。

4）审核费率标准和计收保费是否正确。

5）对于高保额和投保盗抢险的车辆，审核有关证件，查验实际情况是否与投保单的填写一致，是否按规定拓印牌照存档。

6）对高发事故和风险集中的投保单位，提出限制性承保条件。

7）对费率表中没有列明的车辆，视风险情况提出厘订费率的意见。

8）审核其他相关情况。

3-194 核保通过后怎样正确打印单证？

核保通过后，系统按预先设置的编制规则生成保险单号码。交强险和商业险必须分别出具保险单、保险标志、保险卡、发票。

商业险：用现行印制的商业险单证打印保险单、发票和保险卡。盖章后清分，保险单业务联与发票业务联、投保单、投保资料一并装订归档，保险单财务联与发票财务联交财务留存，保险单正本与发票正本、保险卡一并交投保人。

交强险：使用保监会监制的保险单、保险标志进行打印。盖章后清分，保险单业务联与发票业务联、投保单、投保资料、机动车交通事故强制责任保险费率浮动告知单一并装订归档，保险单财务联与发票财务联交财务留存，保险单正本与发票正本、保险标志一并交投保人保存，保险单公安交管留存联交由投保人在公安交管部门进行登记、检验等时交公安交管部门留存。

3-195 交强险单证是怎样的？

交强险单证由保监会监制，全国统一式样。交强险单证分为交强险保险单、定额保险单和批单三个类别。除摩托车和农用拖拉机可使用定额保险单外，其他投保车辆必须使用交强险保险单。交强险保险单、定额保险单均由正本和副本组成。正本由投保人或被保险人留存，副本包括业务留存联、财务留存联和公安交管部门留存联。图3-6所示为交强险保险单。

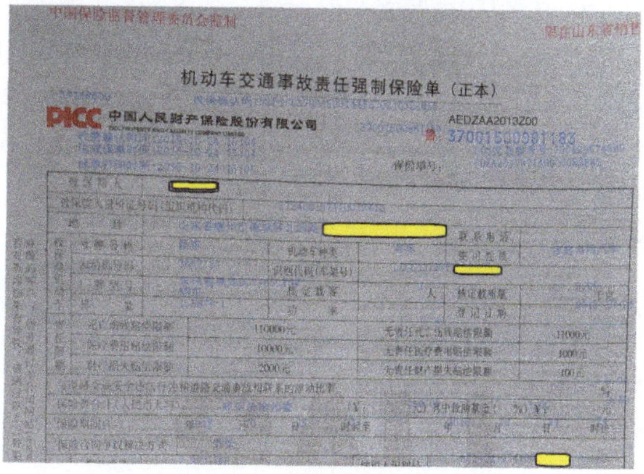
机动车交通事故责任强制保险单（正本）
PICC 中国人民财产保险股份有限公司
AEDZAA2013Z00

图 3-6　交强险保险单

3-196 交强险标志是怎样的？

交强险标志是指根据法律、法规规定，由保险公司向投保人核发、证明其已经投保的标志。由保监会监制，全国统一式样。交强险标志分内置型（图3-7）和便携型（图3-8）两种。具有前风窗玻璃的投保车辆应使用内置型；不具有前风窗玻璃的投保车辆应使用便携型。

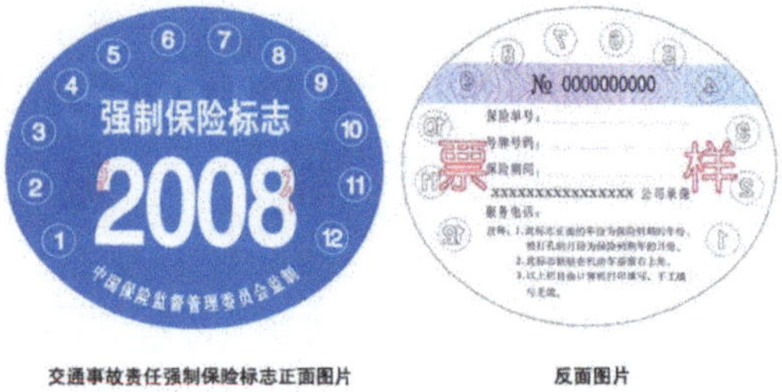

图 3-7 内置型交强险标志

图 3-8 便携型交强险标志

3-197 交强险标志不同年度的颜色是怎样规定的？

各经营交强险业务的保险公司应根据《关于规范机动车交通事故责任强制保险单证和标志管理的通知》（保监发〔2006〕60号）的规定，在签发交强险保单时，向投保人核发相关年度的交强险标志（包括内置型交强险标志和便携型交强险标志）。

从2011年开始，交强险标志将循环执行2008（图3-9）、2009和2010年度到期的三套交强险标志的颜色标准。交强险标志除正面文字“年份”按到期年份变更和颜色标准定期轮换外，其他各项标准仍按照《关于规范机动车交通事故责任强制保险单证和标志管理的通知》（保监发〔2006〕60号）的规定执行。

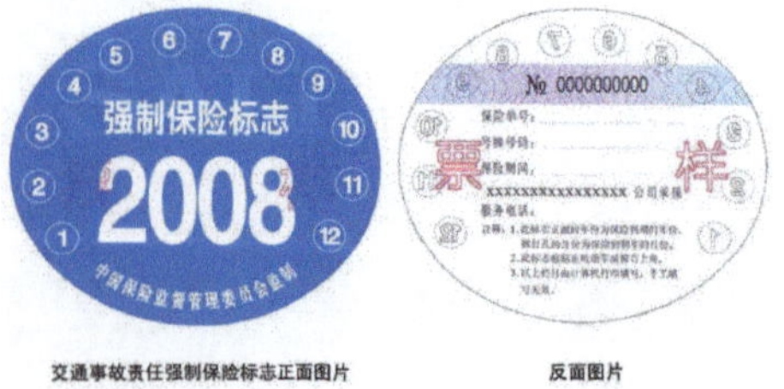

图 3-9 2008 交强险标志（蓝色）

3-198 2009 年度交强险标志是怎样的？

2009年度交强险标志正面文字“年份”变更为“2009”字样，标志颜色执行标准为：内置型交强险标志的正面底色比照《彩通配方指南》第3288C号印刷，背面彩虹印刷两侧墨绿色部分比照《彩通配方指南》第3268C号印刷，中间橙色部分比照《彩通配方指南》第7408C号印刷；便携型交强险标志的底纹色应比照《彩通配方指南》第3268C号印刷（具体式样如图3-10所示）。其他字样保持不变。

图 3-10 2009 交强险标志（墨绿色）

3-199 2010 年度交强险标志是怎样的？

2010年度交强险标志正面文字“年份”变更为“2010”字样，标志颜色执行标准为：内置型交强险标志的正面底色比照《彩通配方指南》第7408C号印刷，背面彩虹印刷两侧橙色部分比照《彩通配方指南》第7408C号印刷，中间墨绿色部分比照《彩通配方指南》第3268C号印刷；便携型交强险标志的底纹色应比照《彩通配方指南》第7408C号印刷（具体式样见图3-11）。其他字样保持不变。

图 3-11 2010 交强险标志（黄色）

3-200 不缴纳交强险的后果是怎样的？

交强险是我国法律规定每一个车主均需强制购买的保险。它有效保证了车辆在发生交通事故时，有最基本的保险理赔。随着国内汽车的不断增多，交通事故频繁但很多责任人没有能力去补偿受害人的损失，给受害人和家庭造成生活的困难无法弥补。如果有交强险的介入，当责任方无能力补偿时，保险公司可以帮受害人及家庭减轻因交通事故造成的困难。如未按规定购买交强险的，公安机关交通管理部门有权扣留机动车（图3-12），并处应缴纳的保险费的2倍罚款（图3-13）。

图 3-12　不买交强险拖走车辆

图 3-13　不买交强险要处罚 2 倍罚款

3-201 商业险保险单是怎样的？

保险单是被保险人向保险人索赔保险事故损失的法律凭证，被保险人应妥善保存。商业险保险单由正本和副本组成。正本由投保人或被保险人留存；副本应包括业务留存联和财务留存联。所以，商业险保险单与交强险保险单相比，缺少公安交管部门留存联，其余相同。图3-14所示为中国人民财产保险股份有限公司商业险保险单。

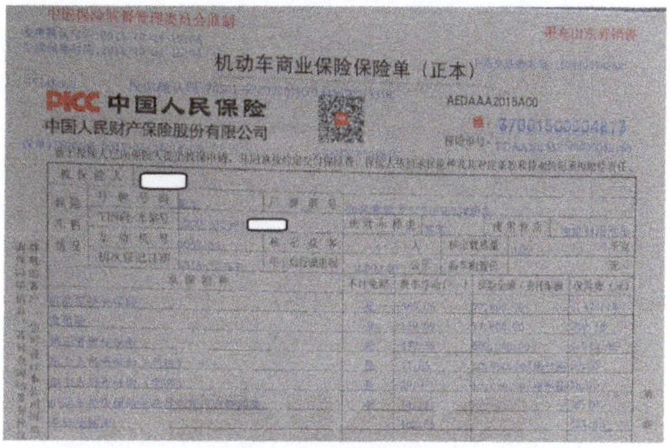
机动车商业保险保险单（正本）
PICC 中国人民保险
中国人民财产保险股份有限公司

图 3-14　中国人民财产保险股份有限公司商业险保险单

3-202 保险卡是怎样的？保险卡和保险单的区别是怎样的？

保险卡（图3-15）是投保人购买汽车保险的凭证，内容简单，便于随车携带，以方便车辆出险后被保险人能及时向保险公司报案。一般多用于运输工具险（车辆保险均有此卡）。

保险单也叫保险单正本，是保险公司与投保人订立保险合同的书面证明。保险单由保险公司出具，主要载明保险公司与被保险人之间的权利、义务关系，它是被保险人向保险公司进行索赔的凭证。保险卡是由保险公司签发给保户的、记载保险单正本中的主要内容、供保户随身携带的卡片或简单的凭证。

×××财产保险股份有限公司机动车保险卡

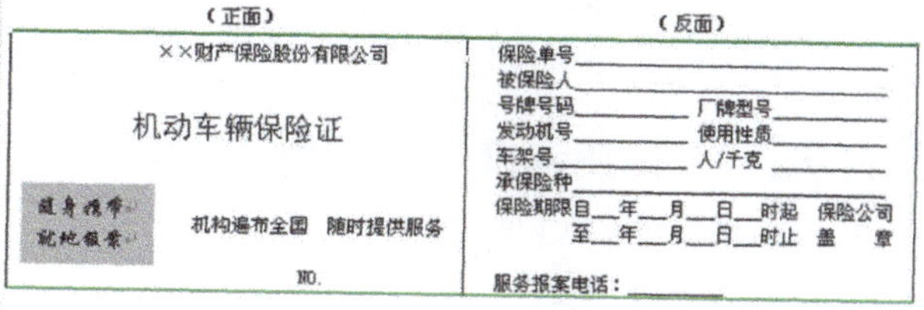

图 3-15　机动车保险卡

3-203 什么是批改？保险单批改的内容主要包括哪些？

在保险单证签发后，对保险合同内容进行修改、补充或增删所进行的一系列作业称为批改，经批改所签发的一种书面证明称为批单。

对保险合同的任何修改均应使用批改形式完成。被保险人应事先书面通知保险人申请办理批改手续。保险批单是保险合同的组成部分，其法律效力高于格式合同文本内容，且末次批改内容效力高于前期批改内容。

保险单批改的内容主要包括：被保险人信息更改、车主信息更改、投保车辆信息更改、增加特别约定、变更约定驾驶人员、保险期限更改、险种增加或减少、车辆使用性质更改、车辆种类更改、保险金额（限额）增加或减少、行驶区域变更、免赔额变更、保险车辆危险程度增加或减少等。

第二节 车险续保

3-204 什么是续保?

保险合同到期后，其效力会自然终止，被保险人利益将不再享受保险保障。为避免合同因到期而效力丧失，投保人一般会采取续保行为。

续保是指在原有的保险合同即将期满时，投保人向保险人提出继续投保的申请，保险人根据投保人的实际情况，对原有合同条件稍加修改而继续签约承保的行为。

续保（图3-16）是一项保险合同双方“双赢”的活动。对投保人来说，通过及时续保，一方面可以从保险人那里得到连续不断的、可靠的保险保障与服务，另一方面，作为公司的老客户，可以在保险费率方面享受续保优惠；对保险人来说，老客户的及时续保，可以稳定业务量，同时还能利用与投保人建立起来的关系，减少许多展业工作量与费用。

图 3-16　车险续保

图 3-17　合理选择险种

3-205 怎样正确续保才能少花钱?

（1）合理选择险种（图3-17）

1）冷门险种可不买。

2）以折旧后车价为基准购买。

3）不同保险公司价格也有差异。

车险种类繁杂，结合自己的实际情况（驾驶技术、整车价格等）来选择最合适的车险搭配。

（2）充分利用优惠

1）靠谱的朋友介绍。

2）参加相关团购（图3-18）。

3）提前续保一般会更优惠。

图 3-18　保险团购

另外，一般保险公司为了促进业绩都会有一定的优惠折扣，购买渠道不一样，优惠的力度也不一样（电话、网络、门店、4S店等）可以多了解。

（3）小事故自己弄

保险费率和出险率息息相关，平时有个小刮小蹭的就不要“惊动”保险公司了（图3-19），费时费力不说，还留下个出险案底。当然，小事故的度得自己

图 3-19　小事故自己弄

把握好，可别因小失大。

（4）安全驾驶最重要

最后当然也是最重要的：遵守交通规则，安全文明驾驶，少出事故甚至不出事故，你会发现你的保费越来越低！

不管怎么说，车险还是我们安全行车的保障。不过若能在拥有保障的同时，又能最大化地节省自己口袋里的“弹药”的话，又何乐而不为呢？

3-206　投保商业险为何要量力而行？

交强险的保障总额为12.2万元，其中，死亡伤残赔偿限额11万元；医疗费用赔偿限额1万元；财产损失赔偿限额0.2万元。这就是说，交强险只是体现了对第三者损害的基本保障，许多情况下不能完全补偿第三者的损失。而车辆所有者或使用者除面临第三者赔偿的风险，还面临车辆自身因交通事故、火灾、水灾、盗窃、雹灾、泥石流等意外事故遭受损失的风险，车上人员、车上货物等同样也面临多种风险，这些都需要车辆所有者或使用者进行风险转嫁，即购买第三者责任险、车辆损失险、车上人员责任险、车上货物责任险等商业保险。由于商业保险险种丰富并以赢利为目的，且坚持自愿购买原则，所以，客户应根据自身风险状况和经济能力综合考虑购买相应的险种和额度。

3-207　客户投保时要注意哪些？

1）投保时应如实告知（图3-20）。投保人无论投保交强险还是投保商业机动车保险，都应当如实告知。否则，机动车辆发生保险事故时，保险公司将不负责赔偿。

2）应及时交纳保险费，以保障自身权益。根据规定，交纳保险费一般是保险合同生效的前提条件，而保险费交付前发生的保险事故，保险人不承担赔偿责任。

3）不重复投保。构成重复保险的车辆出险时，各保险公司一般是按其保险金额与保险金额总和的比例承担赔偿责任，不存在重复保险重复赔偿的问题，只能是多付保费。

4）不超额投保。超额保险中，其超出部分无效，其赔偿效果等同于足额保险。因此，投保人不要超额投保，避免浪费金钱。

图 3-20　车险投保注意

3-208　客户投保后要注意哪些？

1）了解保险责任开始时间（图3-21）。保险责任开始时间应由双方在保险合同中约定。如果没有约定的，保险实务中规定，于次日零时生效。投保人必须清楚合同生效时间，合同生效才对自己有保障，否则，保险公司不承担赔偿责任。

图 3-21　注意保险责任开始时间

2）注意对保险车辆的安全维护。对车辆的安全维护，是被保险人应尽的义务，也是享受保险合同保障的前提条件。

3）对保险公司服务不满意的，投保人具有随时退保的权利。退保时，保险公司应收取自保险责任开始之日起至合同解除之日止的保险费，退还剩余部分保险费。

第三节 投保单填写

3-209 投保单的内容是怎样的?

投保单是保险合同组成部分之一，投保人必须如实填写。表3-1为××××财产保险股份有限公司机动车保险/机动车交通事故责任强制保险投保单。

表 3-1 ××××财产保险股份有限公司机动车保险 / 机动车交通事故责任强制保险投保单

××××财产保险股份有限公司

机动车保险/机动车交通事故责任强制保险投保单

欢迎您到××××财产保险股份有限公司投保！在您填写本投保单前请先详细阅读《机动车交通事故责任强制保险条款》及我公司的机动车保险条款，阅读条款时请您特别注意各个条款中的保险责任、责任免除、投保人义务、被保险人义务等内容并听取保险人就条款（包括责任免除条款）所作的说明。您在充分理解条款后，再填写本投保单各项内容（请在需要选择的项目前的“□”内划√表示）。为了合理确定投保机动车的保险费，并保证您获得充足的保障，请您认真填写每个项目，确保内容的真实可靠。您所填写的内容我公司将为您保密。本投保单所填内容如有变动，请及时到我公司办理变更手续。

投保人	投保人名称/姓名				投保机动车数	辆
	联系人姓名		固定电话		移动电话	
	投保人住所				邮政编码	□□□□□□□
被保险人	□自然人姓名:		身份证号码	□□□□□□□□□□□□□□□□□□		
	□法人或其他组织名称:				组织机构代码	□□□□□□□□□
	被保险人单位性质	□党政机关、团体 □事业单位 □军队（武警） □使（领）馆 □个体、私营企业 □其他企业 □其他				
	联系人姓名		固定电话		移动电话	
	被保险人住所				邮政编码	□□□□□□
投保机动车情况	被保险人与机动车的关系	□所有 □使用 □管理	车主			
	号牌号码		号牌底色	□蓝 □黑 □黄 □白 □白蓝 □其他颜色		
	厂牌型号		发动机号			
	VIN码	□□□□□□□□□□□□□□□□□			车架号	
	核定载客	人	核定载质量	千克	排量/功率	L/KW
	初次登记日期	年 月	已使用年限	年	年平均行驶里程	公里
	车身颜色	□黑色 □白色 □红色 □灰色 □蓝色 □黄色 □绿色 □紫色 □粉色 □棕色 □其他颜色				
	机动车种类	□客车 □货车 □客货两用车 □挂车 □低速货车和三轮汽车 □特种车(请填用途): ____________ □摩托车(不含侧三轮) □侧三轮 □兼用型拖拉机 □运输型拖拉机				

（续表）

投保机动车情况	机动车使用性质	□家庭自用 □非营业用(不含家庭自用) □出租/租赁 □城市公交 □公路客运 □营业性货运
	上年是否在本公司投保商业机动车保险	□是 □否
	行驶区域	□省内行驶 □场内行驶 □固定路线 具体路线：________________。
	是否为未还清贷款的车辆	□是 □否 上一年度交通违法记录 □有 □无
	上年赔款次数	□交强险赔款次数______次 □商业机动车保险赔款次数________次
投保主险条款名称		
指定驾驶员	姓名	驾驶证号码	初次领证日期
驾驶人员1		□□□□□□□□□□□□□□□□□□□□	_____年_____月_____日
驾驶人员2		□□□□□□□□□□□□□□□□□□□□	_____年_____月_____日
保险期间	_____年_____月_____日_____时起至_____年_____月_____日_____时止		

投保险种			保险金额/责任限额（元）	保险费（元）	备注
□机动车交通事故责任强制保险			死残，医疗费，财产损失		
□机动车损失险：新车购置价________________元					
□商业第三者责任险					
□车上人员责任险	驾驶人		/人·次		
	乘客人数__________人		/人·次		
	乘客人数__________人		/人·次		
□附加玻璃单独破碎险	□国产玻璃 □进口玻璃				
□附加停驶损失险：日赔偿金额______元×_____天					
□附加自然损失险					
□附加火灾、爆炸、自然损失险					
□附加车身划痕损失险					
□附加新增加设备损失险					
□附加车上货物责任险					
□附加不计免赔率特约	适用险种	□机动车损失险 □第三者责任险 □车上人员责任险			
□附加可选免赔额特约			免赔金额：		
保险费合计（人民币大写）：			（￥： 元）		

（续表）

投保险种			保险金额/责任限额（元）	保险费（元）	备注
特别约定					
保险合同争议解决方式选择	□诉讼	□提交________仲裁委员会仲裁			
本保险合同由保险条款、投保单、批单和特别约定组成。 投保人声明：保险人已将投保险种对应的保险条款（包括责任免除部分）向本人作了明确说明，本人已充分理解；上述所填写的内容均属实，同意以此投保单作为订立保险合同的依据。 投保人签名/签章：					

3-210 怎样正确填写投保人与被保险人的信息？

1）填写目的。

① 确定投保人，判断其资格，看是否对保险标的具有保险利益。

② 确定缴费义务人，投保人是缴费义务人。

③ 确定被保险人，被保险人是享有保险金请求权的人。

④ 为客户提供后续增值服务。

2）填写要求。投保人与被保险人为单位的，名称填写全称，应与公章名称一致；投保人与被保险人为个人的，填写姓名，与身份证一致；名称应与车辆行驶证相符，使用人或所有人称谓与行驶证不符或车辆是合伙购买与经营时，应在投保单规定位置注明，以便登录在保险单上；地址是指法律确认的自然人的生活住所或法人的主要办事机构所在地；根据被保险人单位性质，把汽车属性分为：党政机关（团体）车辆、事业单位车辆、军队（武警）车辆、使（领）馆车辆、个体或私营企业车辆、其他企业车辆、其他车辆等。

3-211 怎样正确填写投保车辆信息？

1）填写目的：确定投保车辆的唯一性；依据不同属性、使用性质、车辆类型、座位/吨位、车龄、行驶区域等确定费率。

2）填写要求：被保险人与车辆的关系如为所有关系，则被保险人与车主是同一人，如为使用或管理关系，则被保险人与车主不是同一人，此栏主要是看被保险人是否对标的车具有保险利益。

填写车辆管理机关核发的号牌号码并注明底色，如鲁A×××××（蓝）。号牌号码应与机动车行驶证（图3-22）一致，号牌底色分蓝、黑、黄、白、白蓝、其他颜色六类。

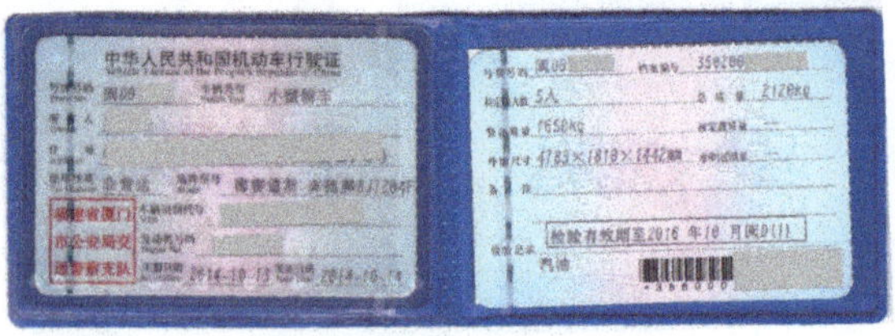

图 3-22 机动车行驶证

厂牌型号、发动机号、车架号、VIN码等按照投保车辆行驶证或合格证的内容填写。对于新车尤其注意要把合格证上的发动机号码、车架号、VIN码中的字母和数字都写完整；对于有VIN码的车辆，应以VIN码代替车架号。

核定载客/核定载质量。根据车辆行驶证注明的核定载客人数或核定载质量填写。客车填核定载客人数，货车填核定载质量，客货两用车填写核定载客人数/核定载质量。

排量/功率。汽车、摩托车填排量，拖拉机填功率。排量单位为L，功率单位为kW。

初次登记年月。根据行驶证上的登记日期填写。它是理赔时确定车辆实际价值的依据。

已使用年限。指车辆自开始使用到保险期限起始时的使用年数，不足一年的不计算。

年平均行驶里程。指投保车辆自出厂到投保单填写日的实际已行驶的总里程与已使用年限的比值。一般根据里程表上显示的总里程数计算，如里程表有损坏或进行过调整、更换，应根据车辆实际已行驶的里程计算。

车身颜色。按照车身颜色的主色系在“黑、白、红、灰、蓝、黄、绿、紫、粉、棕”10种颜色中归类选择一种颜色；多颜色车辆，应选择面积较大的一种颜色；有机动车登记证书（图3-23）的车辆，按照登记证书中的“车身颜色”栏目填写。如实在无法归入上述色系中，可作为“其他颜色”。

图 3-23　机动车登记证书

车辆种类。按照车辆行驶证上注明的车辆种类填写。车辆种类主要包括：“货车、客车、客货两用车、挂车、摩托车（不含侧三轮）、侧三轮、农用拖拉机、运输拖拉机、低速载货汽车、特种车”等种类，若为特种车，还需要写明车辆用途。

车辆使用性质。车辆使用性质主要分营业与非营业两类，目前，多数保险公司又将其细分为家庭自用、非营业用（不含家庭自用）、出租/租赁、城市公交、公路客运、旅游客运、营业性货运等。

上年是否在本公司投保商业车险，用以判定投保人能否享受无赔款优待以及优待比例，同时还判定投保人是否为本公司的续保客户或忠诚客户。

行驶区域。汽车可指定行驶区域，以获得费率优惠。指定行驶区域分省内行驶、固定行驶路线，对固定行驶路线的还需指明具体路线。

是否为未还清贷款的车辆？如果是，贷款方是谁？同时保险人一般会要求投保人选择保险范围较宽的险种，以保障财产的安全。

车损险与车身划痕险若选择汽车专修厂，则费率将上浮一定比例。

上年度的赔款次数和交通违法行为，是费率浮动的依据。

3-212　怎样正确填写驾驶人信息？

1）填写目的。

① 确定指定驾驶人后的费率优惠系数。

② 为理赔做准备，如果不是指定驾驶人使用车辆出险，保险公司将增加一定的免赔率。

2）填写要求。

① 不指定驾驶人的不用填写。

② 若指定驾驶人，可以指定1名，也可以指定不超过3名的多人。

③ 指定驾驶人的姓名、性别、年龄、初次领证日期、驾驶证号码等信息根据机动车驾驶证（图3-24）信息填写。

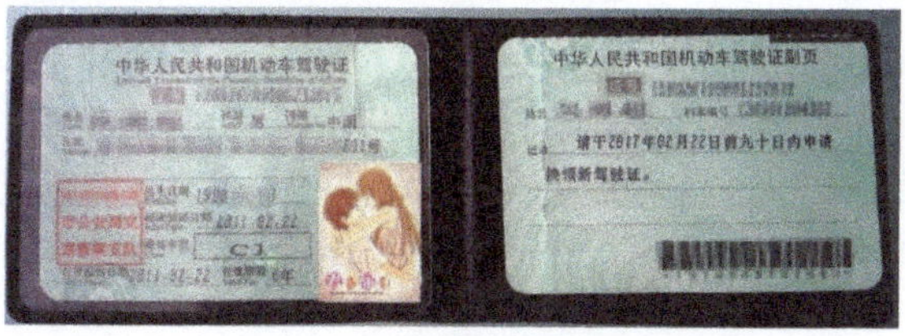

图 3-24　机动车驾驶证

3-213　怎样正确填写车辆的保险期间？

1）填写目的：明确合同期限。

2）填写要求：保险期限通常为1年，费率表中的费率是保险期限为1年的费率；保险期限不足1年的按短期月费率计收保险费，不足1个月的按1个月计算；短期保险费 = 年保险费×短期月费率系数。

3-214 怎样正确填写车辆投保险种信息？

1）填写目的：确定投保险种；确定保险金额或责任限额。

2）填写要求。

①交强险固定赔偿限额，保费根据上一年事故次数进行浮动。

②对车损险，既要告知客户合同为不定值保险合同，也要清楚新车购置价是指保险合同签订地购置与保险车辆同类型新车（含车辆购置税）的价格，还要按车辆信息从费率表中选取基础保费和相应费率。

③对三者险，需根据车辆信息、个人确定的责任限额从费率表中选取不同档次的固定保险费。

④其他险种的保险金额、责任限额及保费确定。

⑤保费计算时注意费率优惠系数的适用险种。

3-215 怎样正确填写特别约定条款？

1）填写目的：对保险合同的未尽事宜，投保人和保险人协商后，在此栏注明。

2）填写要求：特别约定内容不得与法律相抵触，否则无效。投保单和保险单特别约定内容要一致，且在投保时向客户如实告知。

对保险单收费的约定："在保险合同签订时交清保险费，否则本公司不承担保险责任""自起保之日起关* *日内交清保险费，否则本公司不承担保险责任""本保单保费分* *期付款，第一期保费* *元于起保前交清，剩余保费于* *年* *月* *日前交清。逾期未交，发生保险事故，按出险时的保费到账比例赔付"。

对投保车损险的特别约定：如车损险保险金额未达到新车购置价，应约定"车损险不足额投保，出险后按比例赔付"；除新车、未投保车辆损失险的车辆、车辆损失险保额低于实际价值的车辆外，应约定"如标的车损超过出险时的实际价值，按出险时的实际价值计算赔偿"；除前述约定外，对车况较差的车辆，也可以根据车况约定"本标的车实际价值为* *元"。

对投保全车盗抢险的特别约定：如没有办理正式牌照，应约定"盗抢险自办理正式牌照并到本公司办理批改之日起生效，保险止期不变"；承保主要在本地使用的外省、市籍牌照车辆，可约定"盗抢险限在* *省、市内"。

对投保玻璃单独破碎险的特别约定：进口玻璃按国产玻璃投保，应约定"本车按国产玻璃收费，出险时按国产玻璃赔付"。

对投保新增设备损失险的特别约定：应准确列出新增设备明细及金额。

对营业性大货车、长途客车：应约定"装载必须符合国家法律法规中有关机动车辆装载的规定"。

3-216 怎样正确填写保单争议解决方式选择？

1）填写目的：明确合同的履行发生争议时采取的司法手段。

2）填写要求：争议处理方式分仲裁和诉讼两种，根据投保人的要求选择相应的项目即可。

3-217 怎样正确填写投保人声明部分内容？

1）投保人声明的含义：投保人声明投保单各项内容填写属实，核对无误；投保人声明对条款内容特别是责任免除和投保人、被保险人义务无异议；投保人同意投保，完成合同的要约步骤。

2）填写要求：投保人声明必须由投保人本人（本单位）签章。

3-218 怎样正确填写标的初审部分内容？

1）审核目的：完成合同是否承诺步骤。

2）填写要求：查验人员要写明验车或验证情况，并签名；业务来源要分类，业务员要签字；复核人签发意见并签名。

第四节 车险购买

3-219 购买车险有哪些途径?

每年快到购买车险时，总是隔三差五地有不同的保险公司业务员打电话骚扰。可能每个车主的需求不一样，或者所处的环境不同，因此购买的方式也各异。总结了一下，现在我们购买车险无非5种途径（图3-25）：保险公司官网、业务员电话直销、手机APP、4S店和熟人介绍。

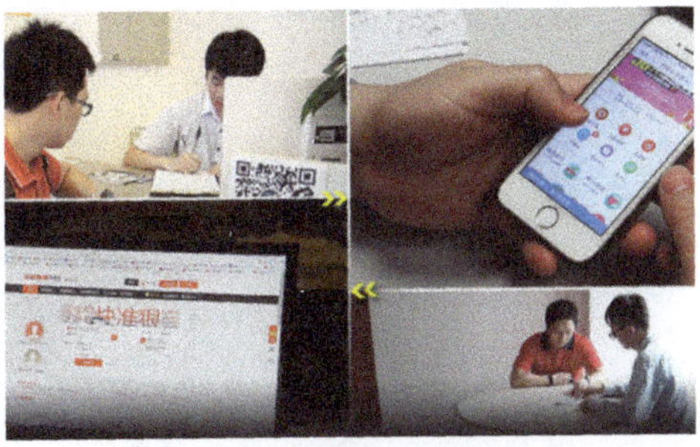

图 3-25 购买车险的途径

3-220 4S 店网点购买车险有哪些优缺点?

相信很多车主在购买第一辆车时都在4S店购买的车险（图3-26），因为那个时候我们对于车险知道的太少，简单地说就是单纯，容易被骗；而且4S店购买车辆时总会把车险的报价也算进去，无形中很自然地就在4S店购买了。

在4S店购买保险的坏处是价格偏高，但也有它有利的一面，因为当自己的车辆发生碰撞等事故，需要去4S店维修，保险公司的网店就在4S店，维修起来比较方便。有些4S店还不一定受理外面其他保险公司出险的单。

时隔一年后，车主对于车险已经有很深的认识，而且会对这方面精打细算，一般都不会再去4S店网点购买；当然如果给的折扣比外面大，为了图方便，还是有部分车主选择在4S店继续购买车险。

图 3-26 4S 店购买车险

3-221 业务员电话直销购买车险有哪些优缺点?

相比较4S店网点购买车险，其他渠道购买车险的话，保费要低很多，比如电话投保（图3-27）、网络投保等。虽然电话推销很烦人，离车险到期还有好几个月，各家保险公司就会打电话不停骚扰你，但事实上，电话车险要比4S店便宜不少，一般能在直销车险渠道的报价上再额外优惠15%。

另一方面，因为车险费率会和车辆此前的出险情况相关，本身会有一定的浮动，再加上电话车险等销售平台的核准费率比其他渠道要低，所以其中有价格降低的空间。

而对于保险公司营销员直销、代理销售点等，他们往往为了争抢续保客源，会把保险公司给他们的手续费（返点）让利给车主，这样就会让消费者觉得这些地方算出来的保费要比4S店甚至电话车险还要便宜。

业务员电话直销车险存在的风险比较大，而且具有一定的欺骗性，购买前一定要问清楚，有条件的还要录音，另外由于不知道具体业务员的个人信息，追责起来比较困难，严重的可能还会遇到诈骗。下单后，根据保险单号去保险公司官网查询是否真实，我们还要确定好送保险单人员的身份，然后再给保费。

图 3-27 电话车险

3-222 手机 APP 购买车险有哪些优缺点?

现在很多汽车相关的APP（图3-28）已经能实现购买车险的功能，只要点开APP就能轻松购买车险。而且有一定折扣的优惠，而且还有礼品。有同事就在手机上的一个APP购买了今年的保险，送了400块的油卡，另外还有水杯等小礼品。这个类似于业务员的电话车险，只是形式不同，车险业务员将电话的形式转换到网上罢了，但网上购买的可靠性比电话车险高，而且优惠和礼品都是看得见的东西，没电话车险的欺骗性强；优惠多少、送什么礼品，在网页都一字一字说得清清楚楚，追责起来也有理有据。

图 3-28　手机 APP 购买车险

3-223 找相熟的保险销售购买车险有哪些优缺点?

没买车时，没发现身边那么多人做保险业务员，但成为车主后，却发现身边很多亲戚朋友都是保险业务员（图3-29）。因此，当车险快到期，或者根本离到期还有很长一段时间，就已经有不少人知会我，车险到期后告诉他（她），可以给不少优惠。

熟人购买车险好处是拿的折扣比较大，找熟人购买如果车在上一年没有出过险的前提下能拿到最低的折扣。比方购买5000元的车险，能拿到最低7.7折，最终的价格约为3800元，省了近1200元。但跟熟人购买车险也有非常不好的地方，要顾及彼此的关系。

图 3-29　找熟人购买车险

3-224 不同车险的购买方式，哪种最好?

通过介绍几种车险的购买方式（图3-30），相信大家都能看出端倪，孰好孰坏。通过可靠性、优惠幅度和方便性，由最推荐到不推荐排列，分别是熟人购买、APP购买、官网购买、4S店购买、业务员电话直销。熟人购买的好处是优惠大，而且便利性也好，可靠性也高；业务员电话直销是最不靠谱的，所以排在最后。

另外，有一点要特别注意，车险中途是可以退保的。即使我们现在购买了车险，如果觉得它的优惠不够好，或者服务差，我们可以退保，然后换其他保险公司。

车险的购买有多种渠道，大家可以根据自己实际情况选择不同的购买方式，但要注意别上当受骗。一定要通过正规渠道购买，如果家里有亲友是保险业务员，让利的幅度较大，可以找亲友购买，能省掉一笔可观的费用。

图 3-30　了解车险的购买方式

3-225 怎样正确选择适合自己的车险购买方案?

车辆保险可以分为主险和附加险，也可以分为强制险和商业险。除了交强险是必须要上的以外，其他险种可以任意选择。选择适合自己车辆使用的险种十分必要，要保证既可以满足自己需要，又能最大限度节省费用。

针对大部分主流车主，把常见的车辆分为三大类，具体推荐如下：

（1）微、小型代步车（价格几万元，主要用作代步，省钱很重要）

微、小型代步车推荐方案：交强险+车损险+10万商业三者险+自燃险。

（2）家庭紧凑级车（价格十几万元，车辆需要有实惠的保障）

家庭紧凑级车推荐方案：交强险+车损险+30万商业三者险+自燃险+发动机进水险+不计免赔特约险。

（3）中高级车/SUV（价格在20万元以上，对车辆有较高安全保障需求）

中高级车推荐方案：交强险+车损险+50万商业三者险+全车盗抢险+自燃险+发动机进水险+划痕险+玻璃单独破碎险+不计免赔特约险。

3-226 什么是交通事故的“私了”？

路上发生磕碰、剐蹭等小事故时，如果双方车主能够共同达成协议、采用“私了”的方式处理可以省下不少事；若发生在交通拥挤的地方还能避免阻碍交通，可以说是“双赢”的事情。不过也并不是所有的交通事故都可以用“私了”来解决。

所谓的“私了”并不是事故双方不通过保险流程而私底下解决和赔偿（当然如果你不差钱也不是不可以的），而是指保险中的“快速理赔（图3-31）”，快速理赔也是保险的一种索赔方式，它是指在道路资源有限的情况下，交通事故发生后，当事各方现场填写好事故确认书，就要迅速将车辆移至不妨碍交通的地方，以免延缓城市交通。

图 3–31 保险中的“快速理赔”

3-227 机动车号牌、标志不全的情况下可以私了吗？

机动车无号牌、无检验合格标志、无保险标志（图3–32）。机动车无号牌，说明车辆是不能合法上路；无检验合格标志，说明车辆未通过年检，也不属于交通部门“承认”合法的上路车辆；同时也没有交强险标志，像这种“三无（图3–33）”的车出事故当然无法向保险公司索赔。不但无法“私了”，其他任何险种都无法向保险公司索赔，买了保险也就相当于没买。

图 3–32 机动车的检验合格标志及交强险标志

图 3–33 三无车辆

这里提醒广大车主，千万不要忽视年检，同时也不要忽视交强险。交强险是我国首个由国家法律规定实行的强制保险制度，普通5座家用车没买交强险，可处以1900元的罚款；而如果买了交强险后，没按规定粘贴到前风窗玻璃上还将被处以“扣1分+200元”的处罚。

3-228 驾驶人不能提供有效机动车驾驶证件可以私了吗？

出现交通事故后，不管是无驾照还是驾照丢了、补办中，只要无法出示有效的机动车驾驶证，就相当于无证驾驶。同时，无证驾驶（图3-34）也属于保险免赔条款的内容。无证驾车，出了事故保险不会赔偿，车辆相当于“裸奔”。

图 3-34　无证驾驶

如图3-35所示，除教练车上的学员外，只要无法出示有效驾驶证，均属无证驾驶。其中包括驾驶证损毁、补证、换证期间开车上路的情况。

图 3-35　教练车学员上路不用出示驾驶证

驾驶证损毁则无效，此时开车上路就属于驾驶人无有效机动车驾驶证的情况，这种情况在保险的理赔范围之外，不能跟他私了。

3-229 驾驶人饮酒、服用国家管制药物时可以选择私了吗？

机动车驾驶人饮酒、服用国家管制的精神药品或者麻醉药品（图3-36）。公安部2009年12月17日正式对外公布的新修改的《机动车驾驶证申领和使用规定》，正式将酒后驾驶机动车的处罚从之前的6分增加到12分，也正是从这一年开始，全面打击酒驾的行动正式拉开帷幕。至今，打击酒驾一直是交通安全的永恒话题。

服用国家管制的精神药品或者麻醉药品后驾车的，与酒驾同等。而一旦在这种情况下开车上路，不管是否发生意外，被交警发现，先扣你12分再说。若发生事故了，别说“私了”，保险都不会赔偿给你。

图 3-36　酒驾和药驾情况不能私了

3-230 对交通事故事实或者成因有争议可以选择私了吗？

“私了”的前提就是双方对责任的划分都认同的情况下共同达成赔偿协议，如果双方对交通事故事实成因存在争议，在事故的责任不能划分的情况下，只能报警（图3-37），由交警对现场情况进行勘查之后再进行划分。这种情况下就不能私自将车驶离现场，以免造成无法对事故成因做出判断，导致责任无法划分。

图 3-37　交通事故事实或者成因有争议不能选择私了

3-231 当事人不能自行移动车辆时可以选择私了吗?

“当事人不能自行移动车辆”是指驾驶人受伤无法开车或者是车辆损坏无法起动的情况（图3-38），对于此类事故需要报警交由交警处理，不能采用快速理赔的方式。

图 3-38　当事人不能自行移动车辆

3-232 碰撞建筑物、公共设施或者其他设施可以私了吗?

马路边上的公共物品并非是免费的，开车撞到公共设施（图3-39）或者建筑物也都是需要按实际物价赔偿的，这种情况不能私了也无法私了（没人跟你私），只能报警解决。不过这时车主可以先在现场做标记，尽快将车移至路边等候交警来处理，以免阻碍现场交通。

图 3-39　车辆撞护栏

3-233 车辆单方发生交通事故可以私了吗?

“单方事故”是指在交通事故、火灾、爆炸等突发性安全事故中，其事故原因完全是由事故多方中的一方或者是唯一受害的一方自身造成的，这类事故就叫做单方事故。

例如很多新手上路，可能不小心蹭到墙壁刮花自己的车辆（图3-40），这类事故就属于单方事故。一般情况下，发生单方事故时并不需要交警报案，直接出险定损索赔就可以了。若情况较为严重，查勘员认为需要报警处理，则会向交警部门报案，由交警部门到现场调查取证，并出具《事故认定书》。

图 3-40　车辆剐蹭

3-234 交强险、基本险和附加险三者之间的关系是怎样的?

如图3-41所示，交强险就像一名驾驶人，没它上不了路；基本险像一名乘客，带不带都行；而附加险就更像一个外挂了，算是额外福利吧

图 3-41　交强险、基本险和附加险三者之间关系

（1）买车必上：交强险　从文字上我们就可以看得出，交强险是车主在购买车辆之后所必须购买的险种，它是国家强制性购买的车险，凡是对第三方(除本车、本车上的人)造成损失的，无论是否有责任，都是交强险赔偿范围，它是你上路行驶的最低保障。

（2）可上可不上：商业基本险　又叫四项主险、商业险，其中包括咱们都听说过的：车损险、第三者责任险、车

乘险、盗抢险，交强险并不包含其中，你可以把它和交强险理解为枝干关系，在上了交强险之后才可以选择性地上这些主险。简而言之，你可以只上一个交强险，其他什么都不上，但不可以只上基本险，不上交强险。

（3）按需扩展：商业附加险　附加险是相对于主险（商业基本险）而言的，顾名思义是指附加在主险合同下的“补充附加险种”。

3-235　车损险和划痕险有哪些区别？

如图3-42所示，划痕险的理赔范畴是无明显碰撞痕迹的车身划痕损失。举个例子，比如车被小孩用钥匙刮花了车漆，类似这样的伤痕是可以通过划痕险理赔的。而车损险的理赔范畴则是车辆被碰撞出明显的凹痕或者无法使用时理赔，简单说就是假如您的车剐了墙导致车身有凹痕，这时车损险就派上用场了。划痕险的投保前提是必须要投保车损险。

这里需要注意的是，划痕险是有承保额度的，一般是2000元、5000元、1万元和2万元。假如您买了2000元赔偿额的划痕险，在保险期限内，您通过划痕险可获得的理赔金额是1400～1700元，因为划痕往往是找不到第三者的，因此根据相关规定有15%～30%的免赔额，但如果您还购买了对应划痕险的不计免赔险则可得到全额赔偿。

理赔潜规则：如果您没有上划痕险，那怎么通过保险理赔小刮小蹭呢？没关系，通过车损险照样可以理赔，只不过您的车可能会稍微受点重伤。一般保险理赔点针对没有上划痕险的车主处理小划伤的时候都会再把伤处弄得更重，比如拿砖头将伤处弄得出凹痕，这样就是可通过车损险来理赔的。

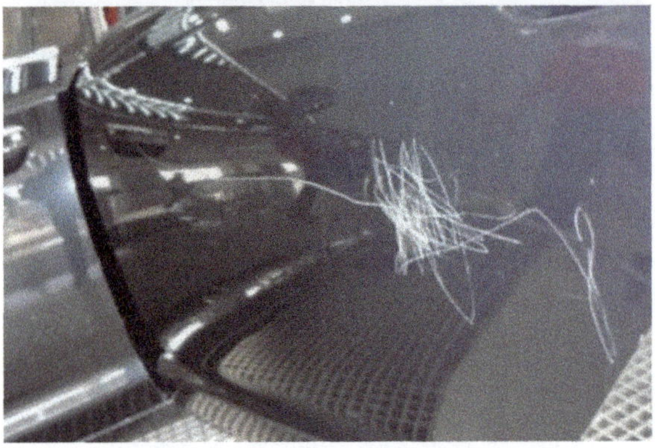

图3-42　汽车车损险和划痕险的区别

3-236　车损险和玻璃单独破碎险有哪些区别？

玻璃险的全称是：玻璃单独破碎险，理赔范围是在停车和使用时而造成的车辆玻璃损坏，而因多方事故造成的玻璃损坏则由车损险来负责赔付。

很多朋友买车之后都会给自己的车贴上膜，这里需要提醒您的是，如果您车辆玻璃损坏了且通过玻璃破碎险来理赔，那么保险公司不负责赔偿您贴膜的损失。如果您是和别的车发生事故导致贴了膜的玻璃损坏，保险公司可根据交强险上的2000元车损标准赔付您的车玻璃膜费用。

理赔潜规则：如果您没上玻璃险，当您早上起来发现自己的汽车玻璃不知道被哪个混蛋打破了，怎么办呢？没关系，只要您说是在开车的时候一脚制动，车内的烟灰缸飞起来砸坏的就可以了。您可千万别以为我是说笑的，这件事可是真实存在在定损理赔当中的。

3-237 交强险与商业三者险有哪些区别?

（1）赔偿限额不同　交强险赔偿限额为12.2万元，而商业第三者责任险有5万元、10万元、15万元、20万元、30万元、50万元、100万元七个档次。

（2）投保的强制性不同　交强险是国家规定的强制保险，而商业第三者责任险是纯粹的商业保险，属于自愿投保。

（3）保障范围不同　交强险赔偿范围大。除了《机动车交通事故责任强制保险条例》规定的个别事项外，交强险的赔偿范围几乎涵盖了所有道路交通责任风险。而商业第三者责任险赔偿范围小，保险公司不同程度地规定免赔额、免赔率和责任免除事项。

（4）赔偿原则不同　交强险赔偿采用无过错责任原则，而商业第三者责任险的赔偿采用过错责任原则。

（5）费率形成机制不同　交强险总体上按“不盈利不亏损”的原则审批费率，而商业第三者责任险按商业性保险的机制进行管理。

3-238 车损险和涉水险有哪些区别?

自北京“721”暴雨之后，北京车主对涉水险的关注度异常高，但同时也有疑问，涉水险和我们投保的车损险在相关车辆涉水项目理赔方面有什么不一样？看表3-2就明白了。

	车损险	涉水险
包含涉水理赔	渗水或者被水泡之后，车辆除发动机故障之外的一切故障维修费用	只包含渗水、泡水后由于发动机进水导致的故障
责任免除	--	渗水或者被水浸泡之后，尝试起动造成的发动机故障

CHAPTER

第四章

汽车保险理赔

第一节 汽车保险理赔处理

4-239 近因的认定与保险责任的确定怎样进行?

在实际生活中，损害结果可能由单因造成，也可能由多因造成。单因比较简单，多因则比较复杂，主要有以下几种情况。

1）多种原因同时发生。即损失由多种原因造成，且这些原因几乎同时发生，无法区分时间上的先后顺序。如果损失的发生有同时存在的多种原因，且对损失都起决定性作用，则它们都是近因。而保险人是否承担赔付责任，应按两种情况区分。第一，如果这些原因都属于保险风险，则保险人承担赔付责任；相反，如果这些原因都属于除外风险，保险人则不承担赔付责任。第二，如果这些原因中既有保险风险，也有除外风险，保险人是否承担赔付责任，要看损失结果是否容易分解。对于损失结果可以分别计算的，保险人只负责保险风险所致损失的赔付；对于损失结果难以划分的，保险人一般不予赔付。

2）多种原因连续发生。即损失是由若干个连续发生的原因造成的，且各原因之间的因果关系没有中断。如果损失的发生是由具有因果关系的连续事故所致，保险人是否承担赔付责任，也要区分两种情况。第一，如果这些原因中没有除外风险，则这些原因即损失的近因，保险人应负赔付责任。第二，如果这些原因中既有保险风险，也有除外风险，则要看损失的前因是保险风险还是除外风险。如果前因是保险风险，后因是除外风险，且后因是前因的必然结果，则保险人应承担赔付责任；相反，如果前因是除外风险，后因是保险风险，且后因是前因的必然结果，则保险人不承担赔付责任。

3）多种原因间断发生。即损失是由间断发生的多种原因造成的。如果风险事故的发生与损失之间的因果关系由于另外独立的新原因介入而中断，则该新原因即为损失的近因。如果该新原因属于保险风险，则保险人应承担赔付责任；相反，如果该新原因属于除外风险，则保险人不承担赔付责任。

4-240 汽车保险的理赔流程是怎样的?

汽车保险理赔的处理程序其实很简单，主要包括受理案件、现场查勘与定损、赔付结案三个过程。详细可以分为9个步骤，分别是：车辆出险、报案、现场处理、提出索赔请求、配合保险公司事故查勘、事故结案、提交索赔材料、索赔审核和领取赔款。

1）出险。出险就是发生了事故（图4-1），无论是车撞车、车撞人还是其他，出险后应申请保险理赔流程。

图 4-1　车辆发生事故

2）报案。保险公司要求在事发48小时内必须报案（图4-2），向公安机关报警及拨打保险公司的理赔电话，如果错过了保险不赔。

图 4-2　车辆发生事故向交警及保险公司报案

3）现场处理。有些情况下，为了避免影响交通，可以在标记轮胎的位置（图4-3）后，移动车辆。通常用“T”标记轮胎的位置。

图 4-3　车辆位置的标记

4）提出索赔请求。当保险公司的勘察人员到达事故现场后，车主可以提出索赔请求，然后等待勘察。

5）配合保险公司进行事故查勘。报案后，保险公司派查勘人员到现场初步查勘（图4-4），判定是否属于保险责任，如果属实将进入下一步。

图 4-4　保险公司到现场查勘

6）结案。根据损失部位痕迹及程度，查勘员会初步现场定损或直接到修理厂、4S店、定损中心去定损。

7）提交索赔材料。上述步骤完成后，向保险公司提交索赔所需的全部材料（图4-5），然后保险公司对车主提交的索赔材料的真实性和完备性进行审校确认。

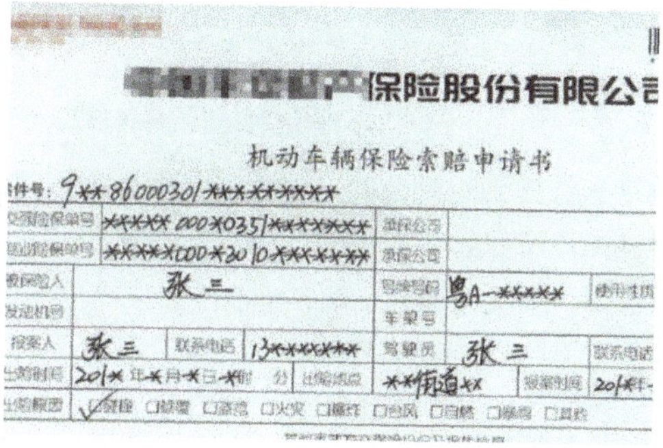

图 4-5　提交索赔材料

8）索赔审核。当提交的索赔材料真实齐全的情况下保险公司进行保险赔款的准确计算和赔案的内部审核工作。

9）领取赔款。保险公司根据与您商定的赔款支付方式和保险合同的约定支付赔款（图4-6）。

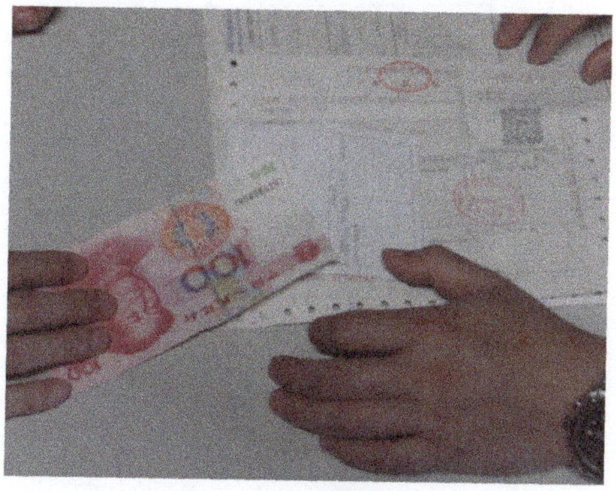

图 4-6　领取赔款

4-241 接受报案的具体操作流程是怎样的?

保险人接受被保险人报案后，需要开展询问案情、查询与核对承保信息、调度安排查勘人员等工作，具体操作流程如图4-7所示。

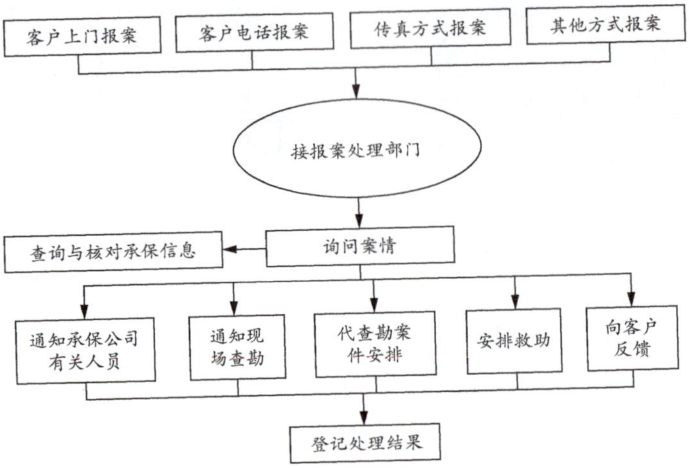

图 4-7　接受报案的具体操作流程

4-242 现场查勘的具体操作流程是怎样的?

查勘人员接到查勘通知后，应迅速做好查勘准备，尽快赶到现场，会同被保险人及有关部门开展查勘工作，具体操作流程如图4-8所示。现场查勘应由两位以上人员参加，并应尽量查勘第一现场。如果第一现场已改变或清理，要及时调查了解有关情况。

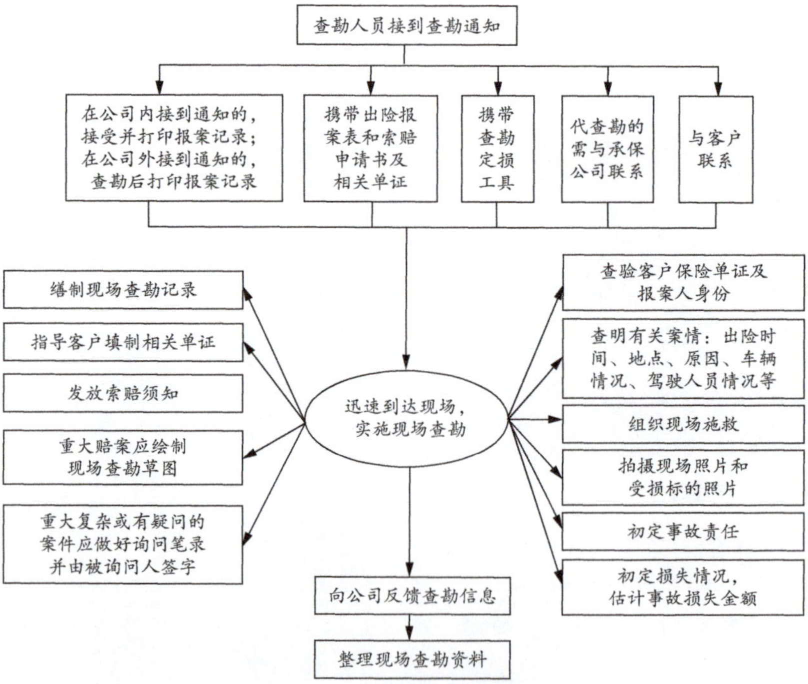

图 4-8　现场查勘操作流程

4-243 怎样确定保险责任？

经过整理分析已获取的查勘资料（图4-9），包括查勘记录及附表、查勘照片、询问笔录，以及驾驶证照片、行驶证照片等，结合保险车辆的查勘信息、承保信息以及历史赔案信息，分别判断事故是否属于商业机动车辆保险和机动车交通事故责任强制保险的保险责任。经查勘人员核实属于保险责任范围的，应进一步确定被保险人在事故中所承担的责任，有无向第三者追偿问题。同时，还应注意了解保险车辆有无在其他公司重复保险的情况；对重复报案、无效报案、明显不属于保险责任的报案，应按不予立案或拒绝赔偿案件处理。

图 4-9　保险公司现场查勘

确定保险责任后，还需初步确定事故损失金额，并估算保险损失金额。事故损失金额指事故涉及的全部损失金额，包括保险责任部分损失和非保险责任部分损失；保险损失金额指在事故损失金额基础上简单根据保险条款和保险原则剔除非保险责任部分损失后的金额。

对不属于保险责任的，应对事故现场、车辆、涉及的第三者车辆、财产、人身伤亡情况认真地进行记录、取证、拍照等，以便作为拒赔材料存档，同时向被保险人递交拒赔通知书。

4-244 怎样进行立案？

对在保险有效期内，且属于保险责任的赔案，理赔人员应在现场查勘结束后的规定时间内，依据出险报案表和查勘记录中的有关内容以及初步确定的事故损失金额和保险损失金额，通过车险业务处理系统进行认真、准确、翔实的立案登记，最后，计算机自动生成立案编号（图4-10）。立案之后，管理部门可定期对赔案的处理过程、时限进行监控。

立案处理时限一般为简单案件应于查勘结束后24小时内立案；复杂案件最晚于接报案后7日内，进行立案或注销处理；对报案登记后超过规定时间未立案的案件，管理部门须给予处理；查勘所涉及的单证可在立案同时或之后收集。

图 4-10　交通事故立案

4-245 单方事故（或停放被撞事故）的处理程序是怎样的？

单方事故是指不涉及人员伤（亡）或第三者财物损失的单方交通事故。例如碰撞外界物体，自身车辆损坏，但外界物体无损坏或者无须赔偿。

单方肇事是最为常见的一类事故，因为不涉及第三者的损害赔偿，仅仅造成被保险车辆损坏，事故责任为被保险车辆负全部责任，所以事故处理非常简单。

停放被撞指车辆在停放过程中无人照料的情况下，被不明物体碰撞而造成车辆受损的事故。例如，车辆在停车场停放中被第三方车辆碰撞损坏，但第三方车辆无法找到。单方事故（或停放被撞事故）的处理程序如图4-11所示。

特别提示：损失较小（一万元以下）的事故，保险公司可派人到现场查勘，并出具“查勘报告”；

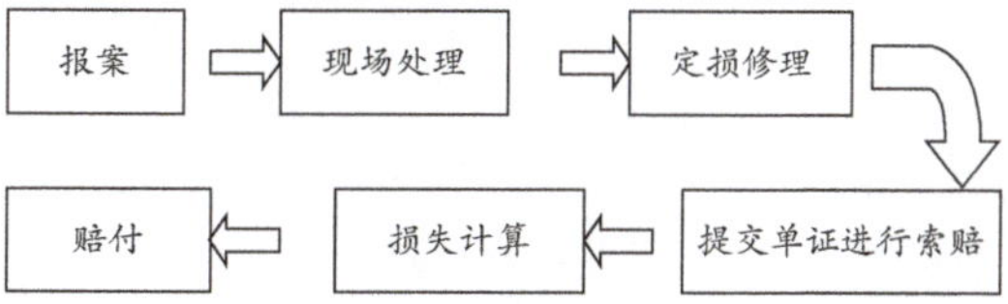

图 4-11　单方事故（或停放被撞事故）的处理程序

损失较大（一万元以上）的事故，如查勘人员认为需要报交警处理，会向交警部门报案，由交警部门到现场调查取证，并出具“事故认定书”

4-246 双方事故（无人伤亡）的处理程序是怎样的？

双方事故（无人伤亡）是指不涉及人员伤亡，但涉及第三者财物损失，事故责任明确的双、多方交通事故。双方事故（无人伤亡）的处理程序如图4-12所示。

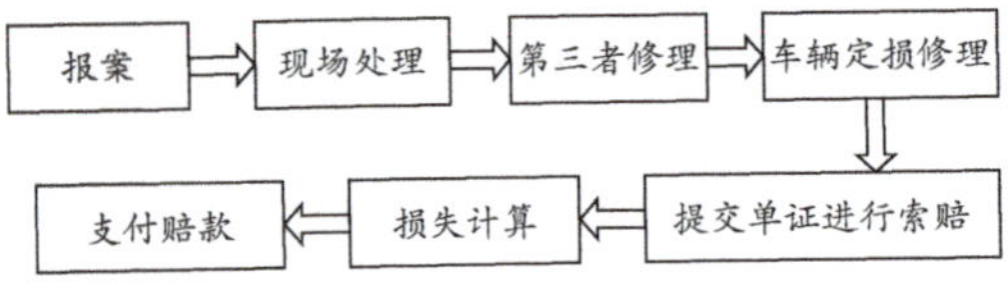

图 4-12 双方事故（无人伤亡）的处理程序

特别提示：

1）事故发生后，应保留事故现场，并立即向保险公司报案。若第三方损失为道路设施或第三方损失的车辆，需向交警部门报案。

2）第三者车辆分为非机动车和机动车。

①如果第三者是非机动车，则最好要求保险公司人员在进行现场处理时，直接达成三方（第三者、保险公司、车主）公认的一个核损价格。如果当场不能核定损失，则在进行第三者损失核定的时候，要求保险公司给出核损价格。

如果不经保险公司允许，自行答应第三者有关索赔金额的承诺，对这种承诺保险公司是有权推翻重来的。如果重新核定的价格与第三者的要求有差距，则这个差距由车主自行承担。

②如果第三者是机动车，则要分以下两种情况：第一，如果第三者同意与车主一同前往选定的修理厂进行修理，则当场不必支付第三者任何现金；第二，如果第三者要求去自己选定的修理厂进行修理，也就是说第三者将与车主去不同的修理厂进行车辆修理时，则第三者可能要求车主在事故现场先支付一部分修理费用，车主在支付一部分费用后，一定要索要收据。

4-247 多方肇事（有人伤亡）事故的处理程序是怎样的？

多方肇事（有人伤亡）事故指涉及人员伤亡的双、多方交通事故。该类事故因为涉及人员伤亡，所以处理起来比较复杂。

多方肇事（有人伤亡）事故的处理程序如图4-13所示。

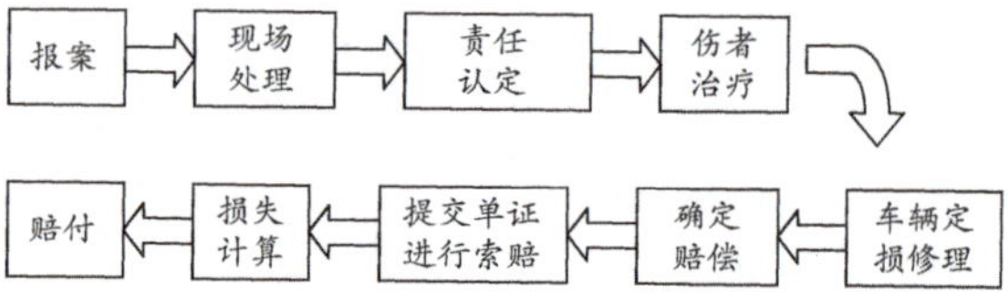

图 4-13 多方肇事（有人伤亡）事故的处理程序

1）报案。事故发生后，事故各方车辆应停在原地，保留好事故现场，并立即向保险公司和交警部门报案；如有人员伤亡，应立即送往医院，除非事发地段比较荒凉或者无车经过，否则应尽量不挪动事故车。因为若用事故车将伤者送往医院，将造成事故责任无法认定。

2）现场处理。交警部门到现场调查取证，并暂扣事故车辆、当事驾驶人的驾驶证和事故车辆的行驶证。一般情况下，对交警处理的事故，保险公司查勘人员无须再到现场查勘。

3）责任认定。交警部门根据事故情况作出责任判断，并向当事各方送达《责任认定书》。如当事各方对事故责任认定不服，应在收到《责任认定书》15日内向交警部门提出复议或向人民法院提出诉讼。

4）伤者治疗。医生对伤者进行检查，出具病历和诊断证明，并作出是否住院治疗的决定。伤者治疗结束后，可以到相关的鉴定机构进行伤残评定，如达到伤残等级，应取得“伤残等级证明”。当肇事各方无法承担医疗费用时，可以向保险公司提出申请预付医疗费用，凭医生出具的“医疗费用预估证明”和已交费用清单可以获得不超过所需费用50％的预付医疗费用。保险公司在伤者治疗期间，会派医疗核损人员到医院及交警大队了解伤者的受伤情况和治疗情况，对治疗费用进行预估和监督

5）车辆定损修理。

6）确定赔偿（特别是对人员的赔偿）。保险公司根据法院及交警大队的赔偿调解来确定赔偿。

7）提交单证进行索赔。责任人付清相关费用后，收集索赔资料交保险公司办理索赔手续。

8）损失计算。保险公司收到齐备的索赔单证后进行计算，以确定最终的赔付金额。

9）赔付。

4-249 不同事故所需的理赔材料是怎样的？

对于不同的车险事故理赔，保险人要求被保险人（车主）所交的材料不是完全相同的，所需提供材料具体见表4-1。

表 4-1 不同事故所需的理赔材料

索赔材料 \ 事故类型	单方事故	双方车损	人员受伤	人员死亡	获取渠道
责任认定书	√	√	√	√	交警部门
索赔申请书	√	√	√	√	被保险人
调解书或判决书	√	√	√	√	交警、法院
行驶证、驾驶证	√	√	√	√	自备
住院出院证明			√	√	治疗医院
医疗费用收据			√	√	治疗医院
伤残鉴定证明			√		治疗医院
伤残补助说明			√		公安机关
死亡、销户证明				√	公安机关
修车发票	√	√	√	√	修理厂
赔偿对方的凭证	√	√	√		接受赔偿方

目前，保险公司为提高理赔服务质量，根据被保险人的报案情况，由电脑系统自动进行保险单抄单并打印保险车辆的出险通知书，被保险人只需签名（章）确认即可。

4-248 整车被盗抢事故的处理程序是怎样的？

整车被盗抢指整部车辆被盗、被抢。该类事故因为涉及刑警大队立案以及必要的侦破时间，所以处理起来周期比较长，具体流程如图4-14所示。

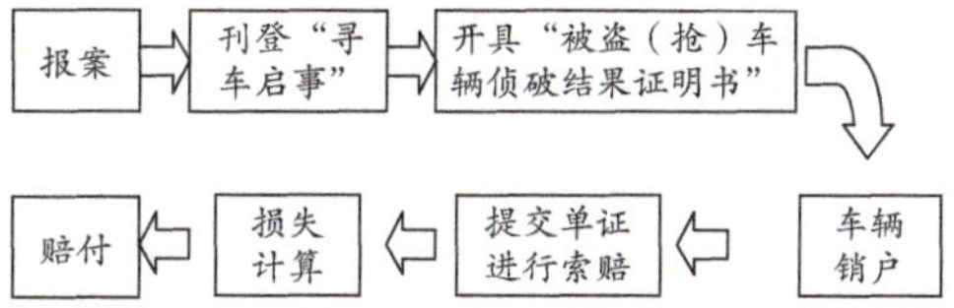

图 4-14 整车被盗抢事故的处理程序

1）报案。车主应在24小时内带齐身份证、驾驶证、行驶证原件向案发地派出所报案，并取得加盖派出所公章的报案回执及“被盗（抢）车辆报案表”；48小时内向保险公司电话报案。

2）刊登“寻车启事”。车主在一周内带齐报案回执、“被盗（抢）车辆报案表”到市一级报纸上刊登“寻车启事”，并保存好全幅报纸。

3）开具“被盗（抢）车辆侦破结果证明书”。如果两个月后（一般保险公司都规定两个月）车辆仍未找到，车主应带齐报案回执、“被盗（抢）机动车辆报案表”到派出所和区公安分局刑警大队办理未侦破证明手续，并由上述两个部门在“被盗（抢）车辆侦破结果证明书”上盖章确认案件未破获。

4）车辆销户。车主应到保险公司复印两份“被盗（抢）车辆立案表”并盖章；带齐“被盗（抢）车辆侦破结果证明书”、报案回执、“被盗（抢）机动车辆报案表”“被盗（抢）机动车辆立案表”（一份交车管所留存）和行驶证，并填写“机动车辆停驶登记申请表”，在公安报上刊登“销户声明”，并取得“销户证明”。

5）提交单证进行索赔。车主收集索赔资料交保险公司办理索赔手续。

6）损失计算。保险公司收到齐备的索赔单证后进行计算，以确定最终的赔付金额。

7）赔付。保险公司财务人员会根据理赔人员计算后的金额，向车主指定账户划拨赔款。

4-250 车辆出现事故后怎样报案？

报案是指被保险人在发生了保险事故之后以各种方式通知保险人，要求保险人进行事故处理的意思表示。同时，及时报案也是被保险人履行保险合同义务的一个重要内容——出事故后要及时报案，如图4-15所示。通常保险公司在保险合同中会规定车辆发生事故后，被保险人一定在48小时内进行报案。为此，保险人应当向被保险人提供一个便捷和畅通的报案渠道。各家保险公司都有自己的报案电话，见表4-2。

图 4-15 出事故后及时报案

表 4-2 保险公司报案电话

保险公司名称	报案电话	车险报价中心
人民财产保险	95518	人民财产保险保险中心
太平洋保险	95500	太平洋保险保险中心
平安保险	95512	平安保险保险中心
大地保险	95590	大地保险保险中心
中华联合	95585	中华联合保险中心
华安保险	95556	华安保险保险中心
天安保险	95505	天安保险保险中心
永安保险	029-87233888	永安保险保险中心
太平保险	0755-82960919	太平保险保险中心
华泰保险	95509	华泰保险保险中心
安邦保险	95569	安邦保险保险中心
友邦保险	800-8203588	友邦保险保险中心
阳光保险	95510	阳光保险保险中心
华泰财产保险	95509	华泰财产保险保险中心
永诚保险	95552	永诚保险保险中心
格林保险	010-66214406	格林保险保险中心
大众保险	021-23076666	大众保险保险中心
中国人民保险	010-62616611	中国人民保险保险中心
渤海保险	4006116666	渤海保险保险中心
民安保险	95506	民安保险保险中心

4-251 车辆出现事故后报案方式和内容有哪些？

（1）报案方式

投保人出险报案方式主要有网上报案、到保险公司报案、电话（传真）报案和业务员转达报案，以及其他方式报案，如图4-16所示。但是在实践中，大部分投保人采用电话报案方式。

（2）报案内容

1）被保险人名称、保单号、保险期限、保险险别。

2）出险的时间、地点和原因，出险车辆牌号、厂牌型号。

3）人员伤亡情况，伤者姓名、送医时间和医院地址。

4）事故损失及施救情况，车辆停放地点。

5）驾驶人、报案人姓名及与被保险人关系，联系电话。

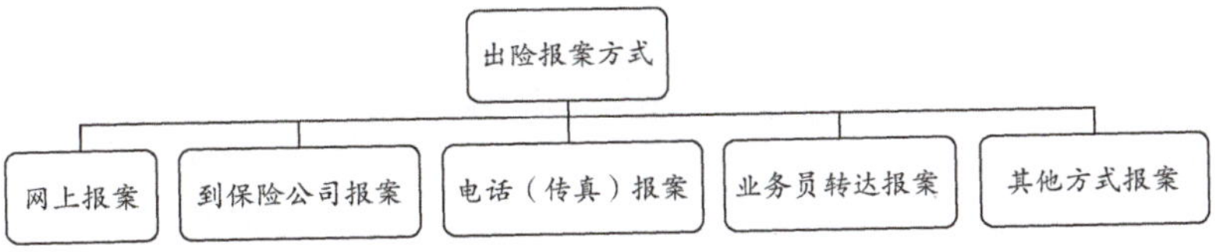

图 4-16　出险报案方式

4-252　接报案的工作流程是怎样的？

接报案人员主要是受理车险用户的来电咨询、报案及投诉，对所报案情及时作出立案记录、拖车转接并进行相应处理，以及对车险用户进行电话回访等，图4-17是中保财险的接报案工作流程图。

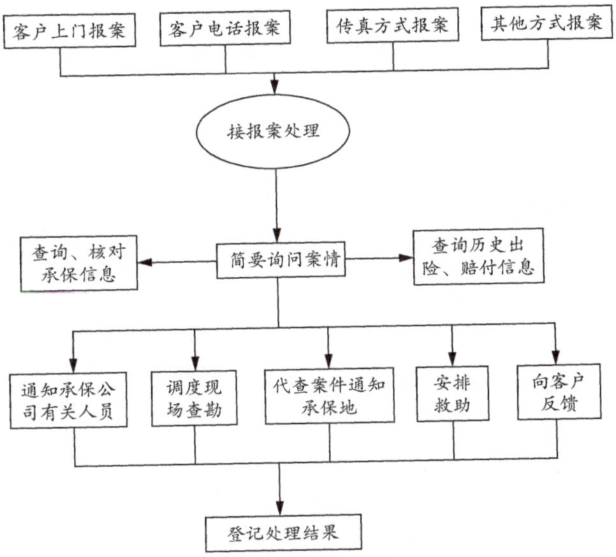

图 4-17　中保财险的接报案工作流程图

4-253　怎样询问车辆的出险案情？

对报案人进行询问，主要询问信息见表4-3。

表 4-3　询问报案人员的信息内容

信息类别	内容描述
保险车辆信息	保单号码、被保险人名称、号牌号码、牌照底色和厂牌型号等
出险信息	出险时间、出险地点、出险原因、驾驶人姓名、事故经过、事故涉及的损失等。其中，事故涉及的损失按“本车车损”“本车车上财产损失”“本车车上人员伤亡”“第三者车辆损失”“第三者人员伤亡”“第三者车上财产损失”“第三者其他财产损失”和“其他”的分类方式进行询问
报案人信息	报案人姓名、联系电话等
第三方车辆信息	对于涉及第三方车辆的事故，应询问第三方车辆的车型、号牌号码、牌照底色以及保险情况（提醒报案人查看第三方车辆是否投保了交强险）等信息。如果第三方车辆也是本公司承保且在事故中负有一定责任，则要一并记录，进行报案处理

4-254 怎样查询承保车辆的相关信息？

（1）查询承保信息

根据报案人提供的保单号码、号牌号码、牌照底色、车型、发动机号等关键信息，查询出险车辆的承保情况和批改情况。应特别注意承保险别、保险期间以及是否通过可选免赔额特约条款约定了免赔额。无承保记录的，按无保单报案处理。

（2）查询历史出险、赔付信息

查询出险车辆的历史出险、报案信息（包括作为第三者车辆的出险信息），核实是否存在重复报案。

对两次事故出险时间相近的案件，应认真进行核查，并将有关情况通知查勘人员进一步调查。

4-255 理赔中告知客户哪些索赔程序及相关注意事项？

1）发生机动车之间的碰撞事故的，应告知客户先通过交强险进行赔偿处理；超过交强险责任限额的部分，由商业险进行赔偿。

2）如当事人采取自行协商的方式处理交通事故，应告知双方在事故现场或现场附近等待查勘人员；或在规定时间内共同将车开至指定地点定损。

3）对于涉及人员伤亡，或事故损失超过交强险责任限额的，应提示报案人立即通知公安交通管理部门。

4）对于通过可选免赔额特约条款约定了免赔额的，如果客户估计的损失金额低于约定的绝对免赔额，应对客户进行如下提示：

① 损失金额低于绝对免赔额的，保险人不负责赔偿。

② 索赔会引起下一保险期间费率的上涨。

特别提示：如客户放弃索赔，应在报案处理界面上“处理结果”一栏中注明放弃索赔的原因，并在报案系统中将报案记录注销，不进行查勘调度。

5）对于超出保险期限，明显不属于保险责任的情况，应向客户明确说明，在报案处理界面上“处理结果”一栏中注明拒赔或不予受理的理由，并在报案系统中将报案记录注销，不进行查勘调度。

4-256 查勘调度和通知包括哪些内容？

（1）及时调度查勘人员进行现场查勘

对属于保险责任范围内的事故和不能确定拒赔的案件，应立即调度查勘人员进行现场查勘（图4-18），应注意：

1）就近调度、一次调度。同一保险车辆的一起事故，不论生成几条报案记录，只生成一项查勘任务、进行一次查勘调度。

2）打印或传送“机动车辆保险报案记录（代抄单）”给查勘人员。同一保险车辆的一起事故存在多个报案记录的，应将所有报案记录和承保信息完整地告知查勘人员。

（2）通知医疗跟踪人员

事故涉及人员伤亡的，应及时通知医疗跟踪人员。

（3）通知承保公司

接报案中心需要通知具体承保公司的，应及时通知具体承保公司的有关人员。

（4）对需要提供救助服务的案件，应立即安排救助

对于客户需要提供救助服务的案件，确认其加保了相应救助服务特约条款的，应立即实施救助调度，并记入“机动车辆特约救助书”，按救助案件处理。

对于未加保相应救助服务特约条款的客户，可以协助其与救助单位取得联系。在客户同意支付相关费用的前提下，可以调度救助协助单位赶赴现场实施救助。但必须在“机动车辆特约救助书”中的付费方式一栏，选择“现场收费救助”项目。

（5）“双代”案件转报案

1）保险车辆在外地出险，应按“双代”（若标的车未在承保地出险，由承保的保险公司委托外地公司代为查勘和理赔）实务规定，及时向出险地公司转报案并发送承保信息。

2）外地承保车辆在本地出险的，应按“双代”实务规定，及时向承保地公司转报案。

图 4-18 保险公司现场查勘

4-257 怎样识别真假交强险保单？

目前二手车市场仍存在一些假交强险保单，怎样鉴别交强险保单的真假，交强险保单引入了很多的防伪设计，可以从以下几个方面来鉴别。

1）注意画圈圈的地方，左上角写有“中国保险监督管理委员会监制”，右上角写有“限在XXX销售”，以及号码前有地区简称。这三处文字使用红色荧光防伪油墨（图4-19），在紫外线灯光下可以发出荧光红色。

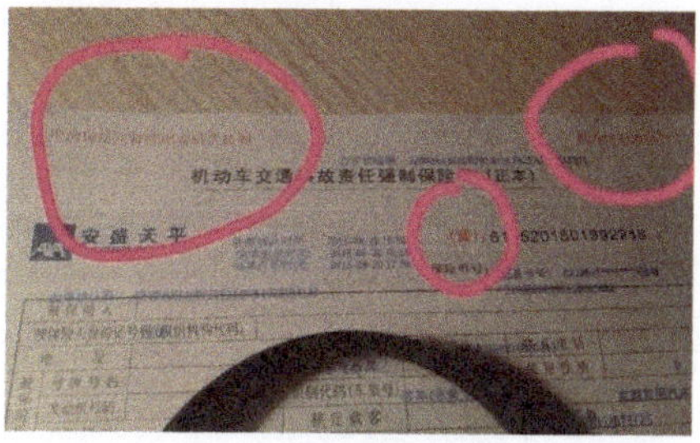

图 4-19　使用红色防伪油墨处

2）如图4-20所示，真保单单位名称下面有一行光栅，其实并不简单，是由微缩文字构成，用5到10倍以上放大镜，可以看得清楚。每个保险公司的字母都不一样。

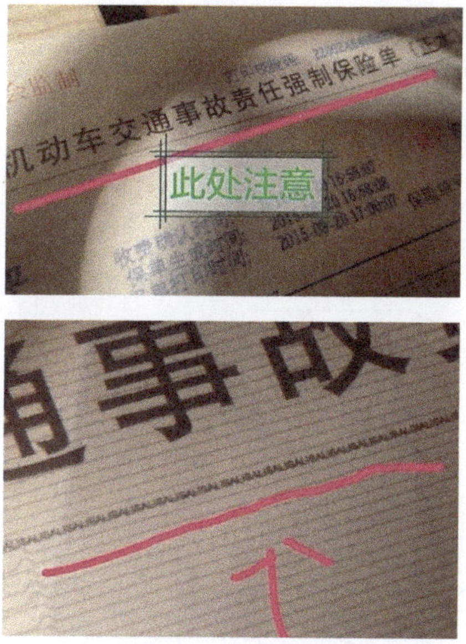

图 4-20　保单单位名称下面微缩文字

3）如图4-21所示，中间在保单底色中藏有SAIL字样，“SAIL”字样同时采用了光栅效果。

4）如图4-22所示，交强险保单本身并不平整，是立体的，小编选取的位置比较明显，这里由货车和轿车的图案做成了浮雕底纹。

图 4-21　保单底色中 SAIL 字样

图 4-22　保单上的浮雕底纹

4-258 平安保险的理赔流程是怎样的？

平安保险的理赔流程大概如下：车辆出险、向公安机关报警及打95511报案、现场处理、提出索赔请求、配合保险公司事故查勘、事故结案、提交索赔材料、索赔审核和领取赔款九个步骤。步骤细化，平安保险的理赔流程和一般保险公司的流程基本相同。平安保险公司车险大致的理赔流程如图4-23所示。

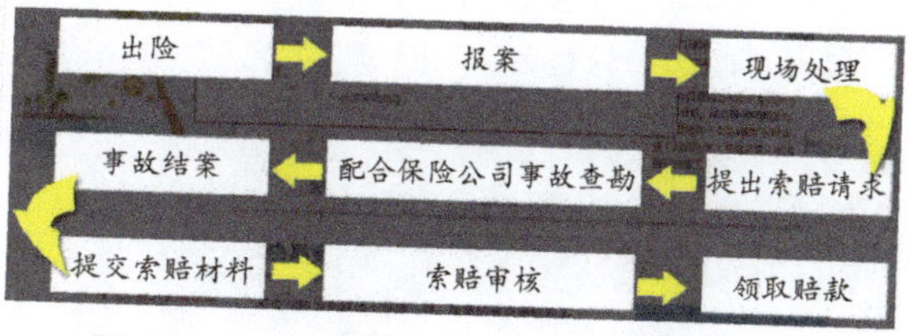

图 4-23　平安保险公司车险大致的理赔流程

平安保险理赔电话95511全天24小时都开通，全国通赔，单证齐全即可当地理赔；而且，在1万元以内车险责任事故，资料齐全，一个工作日内完成赔付。

4-259 中国人保的理赔流程是怎样的？

中国人保的保险事故发生后，首先请保护现场并采取必要的紧急施救措施，然后请按5个步骤进行理赔：拨打报案电话95518、事故勘察和损失确认、提交索赔材料、赔款计算、审核和领取赔款。中国人保车险大致的理赔流程如图4-24所示

中国人保的流程简化了，少了车辆出险、现场处理、提出索赔请求和事故结案四个步骤。

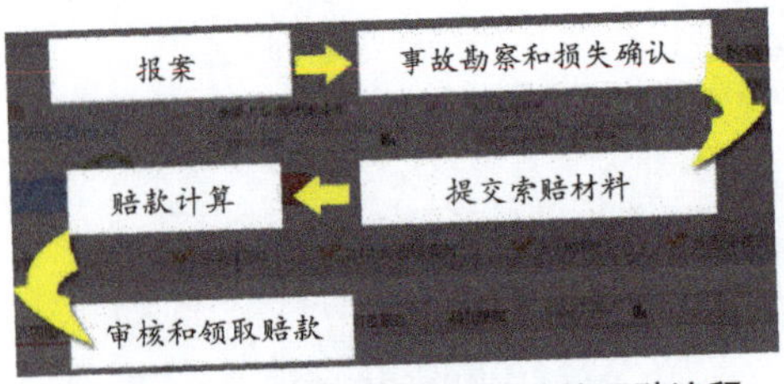

图 4-24　中国人保车险大致的理赔流程

4-260 人寿保险的理赔流程是怎样的？

人寿保险要求在出险后48小时内报案，报案后保险公司会有定损人员到现场进行定损，判断你的出险情况是否与你说的相符，如果真实，就会认可你所说的。车出险后不推荐移动车辆位置，有时候可能影响定损。人寿保险的理赔流程一般是：出险、报案、查勘、定损、核价、核损、核赔和支付八个步骤。中国人寿公司车险大致的理赔流程如图4-25所示。

中国人寿的八个步骤和平安保险公司的九个步骤基本相同，只是名称不同罢了。

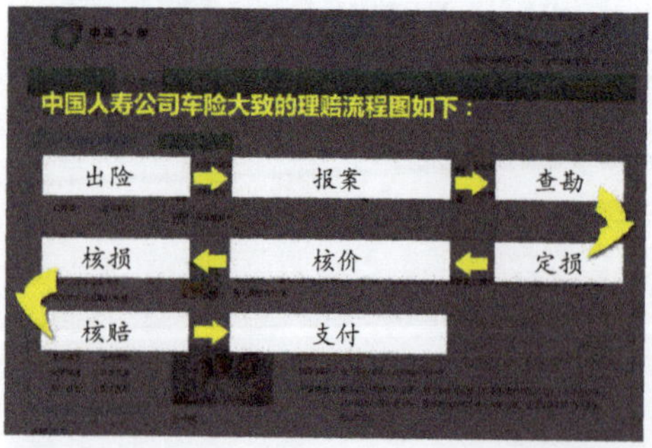

图 4-25　中国人寿公司车险大致的理赔流程

4-261 什么是核赔？

核赔是核赔人按照保险合同、相关法律法规，对保险标的发生的事故进行责任审核、损失核定的过程。核赔是理赔流程审核的最终环节，是对报案、查勘定损、核损、复勘及缮制的总体审核。简单地说，核赔工作就是最终核定该不该赔、该赔多少、该赔给谁。同时核赔的另一个重要职能是对理赔的风险管控，通过对赔案的审核及数据分析，发现案件之间的内在规律，及时发现相应风险，提出管控方案，并将业务品质反馈给前端核保，提高承保业务的质量。

4-262 车险核赔的系统操作流程是怎样的？

随着车险理赔网络化的普及，核赔环节基本可以不必再审核单证原件。前端环节（如查勘、核损）审核意见都可以在系统内体现，案件所需单证由缮制人员上传到理赔系统中，核赔人直接查看系统，就可以审核案件的全部信息，核赔人对案件的审核意见也可在系统中逐一记录。核赔的网络化使核赔工作可以实现远程办公，由于核赔工作为风险管控的核心环节，不少保险公司都积极筹划赔案的集中核赔，在加大风险管控的同时降低运营成本，如平安保险在2004年就建立了全国后援中心。核赔系统操作流程如图4-26所示。

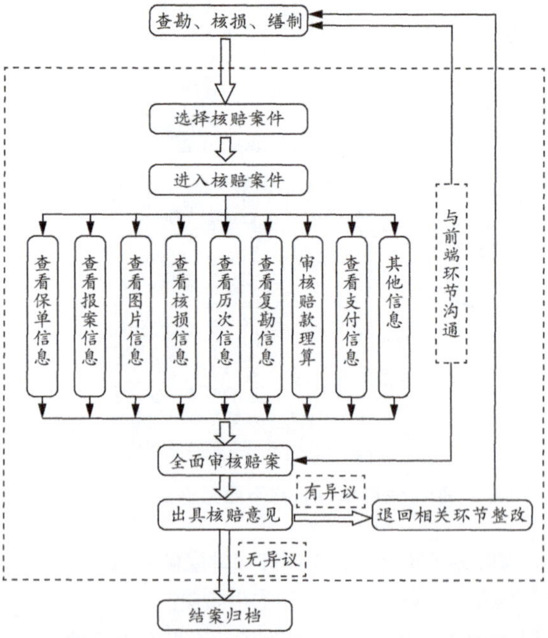

图 4-26　车险核赔系统操作流程图

第二节 保险公司拒赔情况

4-263 新车未上牌、无临时牌或者临时牌过期期间造成的损失，保险公司为何不赔？

在汽车基本险的四个险种的免责条款中，都明确规定，除非另有约定，否则发生保险事故时无公安机关交通管理部门核发的合法有效的行驶证、号牌，或临时号牌（图4–27），或临时移动证，保险公司不予赔偿。

专家建议，在为仅有临时车牌的新车购买保险时，应与保险公司事先单独做出在临时车牌方面的约定。

在使用临时牌照期间，一定要随时关注临时牌照的有效期（图4–28），如果发现临近过期，需要尽快进行延期或申办，继续使用的话，不但面临着被交警处罚的风险，一旦车辆出险，保险公司也会直接拒赔的。

图 4–27　汽车的临时牌照

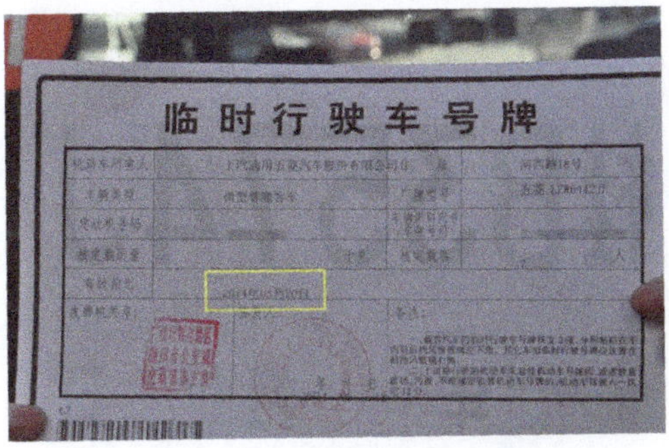

图 4–28　临时行驶车号牌的有效期

4-264 车辆未在规定时间内年检或者未通过年检出现事故造成的损失，保险公司为何不赔？

车辆未通过年检或者未及时年检的（图4–29），均属于不能合法上路的情况。车险免责条款规定，未在规定检验期限内进行机动车安全技术检验或检验未通过而上路行驶过程中造成的损失，保险公司不予赔偿。

因此大家一定要重视年检这件事，车辆未年检，保险就相当于白买，车辆处于“裸奔”状态，要多危险有多危险。

身边有一些喜欢玩老车的朋友们，因为所购的车辆年份比较老，加上平时又不怎么开，就不对车辆进行年检，甚至连保险也不上，完全当黑车用，可是你有没有想过，如果车辆一旦发生意外，这些年份较老的车型高昂的维修费用也够你郁闷一阵子了。

图 4–29　车辆未年检保险公司不赔

4-265 车辆修理期间出现事故造成的损失，保险公司为何不赔？

车辆在检测、维修、养护过程中造成的损失（图4–30），保险公司不赔偿。原因是保险公司认为维修点负有看管车辆的责任，车辆被盗或者损坏是属于维修点的过失。

此外，还包括车辆在出险后，送去维修的路上或者在维修过程中额外出现的意外损失的情况，保险公司也是不赔偿的。

在此建议大家在维修、保养车辆时尽量去自己信任的4S店或专修店，对于不太熟悉的店家还是少去为妙，尤其是那些店面残破，设施又不完善的街边小店，真要发生问题了，你未必能和他们掰扯清楚。

图 4-30　车辆修理期间出现事故

4-266 因事故导致车辆内的物品损坏的，保险公司为何不赔？

这种情况比较多见，举个例子：假如你刚从商场买了一台电视，准备开车回家，却不巧发生了追尾事故，结果车里装的电视也因此损坏了，这个损失保险公司是不会负责理赔的。也建议大家，尽量不要在车内放置贵重物品或者易损物品，避免因为意外导致的损坏无处理赔，如果一定要放在车内的话，也请将其固定牢固，以避免这种情况的发生。

4-267 在收费停车场丢车，保险公司为何不赔？

对于在收费停车场被盗窃（图4-31）的车辆，尽管投了全车盗抢险，保险公司依然不会赔偿。原因是保险公司认为，既然停车场是收费的，那么就有看护保管好车辆的义务。

因此，如果车辆在类似场合被盗，作为车主应该保管好停车场的收费凭证或发票，必要时作为维护自身利益的证据。

图 4-31　在收费停车场丢车保险公司不赔

4-268 被保险人主动放弃追偿权的，保险公司为何不赔？

“行善有风险，放弃追责需谨慎”。这缘于车辆损失险其中一条免责条款规定，因第三者对保险车辆的损害而造成保险事故的，保险事故发生后，在保险人未赔偿保险金之前，被保险人放弃对有关责任方请求赔偿权利的，保险人不承担赔偿责任（图4-32）。

这也就意味着，若你某天善心大发，放弃对责任方的追责权利，那就有可能要自己承担事故损失，因为此种情况保险公司也不会赔偿损失给你。

建议大家，如果发生了轻微的碰撞，一定要确认好车辆的伤势，确实只是伤到皮毛的小剐蹭，倒也不妨大方点，就此罢了得了。当然，如果造成的损失比较明显，那么就该走保险走保险，该赔偿赔偿，毕竟现在修车都不是小钱。要不然事后你发现自认为不算什么的那点伤，动辄大几千、甚至上万的维修费可会让你不仅郁闷不已，而且没地方说理去。

图 4-32　被保险人主动放弃追偿权的保险公司不赔

4-269 撞人后产生的精神损失费/诉讼/仲裁费用，保险公司为何不赔?

首先我们要明确一件事，撞了人不是不赔钱！一旦发生了撞人的事故，在责任限额内产生的医疗费用（图4-33），保险公司是会负责理赔的，但是对方如果和你索要精神损失费的话，保险公司是不会负责理赔这部分费用的。并且，如果双方对事故的责任有分歧，发生了法律纠纷，因此产生的诉讼费用、仲裁费用等费用，保险公司也是不赔的。

图 4-33　撞人后产生的精神损失费/诉讼/仲裁费用保险公司不赔

4-270 拖着没有三者保险的车辆发生“全责事故”的，保险公司为何不赔?

路见不平拔刀相助是每一个驾驶人都应该有的美德，遇见有困难的车友需要帮助，我们都应该伸出援救之手。但是，如果对方车辆是一个没有投保第三者责任险的车辆，你就需要谨慎了，因为如果在拖车的过程中发生了我方事故（后车撞了前车），保险公司是不会进行任何理赔的（图4-34）。所以说，如果车辆的保险不齐全，要么叫救援车，要么就只能慢慢开。

如果在拖车的过程中发生了第三方事故，则要以交警的责任判定为准，比如：第三方车辆撞了被拖的车辆，只要交警判定是第三方车辆的责任，就可以让第三方车辆走第三者责任险对你进行赔偿。

图 4-34　拖车发生事故

4-271 撞车后对方要求支付车辆折旧费的，保险公司为何不赔?

路上遇到追尾、剐蹭是难免的，但是如果对方以自己是刚买的新车，撞了就不值钱了，让你赔偿他相应的折旧费（图4-35），这部分的费用保险公司是不会负责理赔的。

图 4-35　撞车后对方要求支付车辆折旧费的保险公司不赔

4-272 出租车要求赔偿的“误工费”为何“不太容易赔”？

在过去，如果一旦出现了涉及出租车的交通事故，不管是谁的责任，出租车司机都会要求你赔偿他定额的“份子钱”（图4-36），而这个费用保险公司是不会负责赔偿的，但是随着新保险法的推出，新规规定保险公司是需要赔偿这部分费用的，但是实际情况是很多保险公司都会告诉你不管赔。

如果保险公司不赔你，也不用急，和你分享一个办法，也是我的同事近期的亲身经历，你可以让出租车司机起诉你，一般保险公司是不会因为这点事出庭的，只要它不出庭，就等于默认了赔偿诉讼，自然就会判决由保险公司进行赔偿了。

图 4-36　出租车要求赔偿的误工费不太容易赔

4-273 轮胎丢失/爆胎，但车辆没事的=不赔？

这条可能看起来有点绕口，其实很容易理解，假如你轮胎（包括轮圈）被盗了，但是车辆其他地方没有受到损伤（只偷走了车轮，其他地方没动），保险公司不会理赔这部分的损失。另一个情况就是，车辆发生爆胎了，但是除了轮胎以外，车辆其他部分没有因此产生损伤，保险公司也不会理赔。按我的话解释就是：你的车轮单独发生了任何不测，保险公司都不赔！（图4-37）。

图 4-37　行驶中车辆爆胎

4-274 车辆前照灯单独破碎为何不赔？

车辆轮胎单独丢失或者损坏了，保险公司不负责理赔，这不，车灯也遇到了相同的待遇（图4-38），如果你的车灯、后视镜发生了碰撞或损坏，但是车灯周围的其他部分却没事，保险公司一样不会理赔，这条规定主要就是为了防止修理厂将旧灯换下来装在其他车上骗保而制定的。

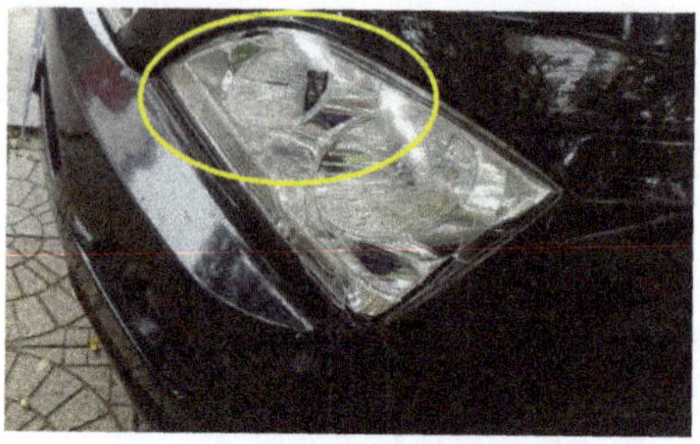

图 4-38　汽车前照灯单独破碎

4-275 驾驶证丢失、损坏以及更换期间驾车造成的损失，保险公司为何不赔？

基本险四个险种的免责条款中均注明，在驾驶证丢失、损毁、超过有效期或被依法扣留、暂扣期间或记分达到12分，仍驾驶机动车造成的事故损失的，不予赔偿。

特别是驾驶证丢失（图4-39），或者更换时注销原驾驶证的，这期间驾车相当于无证驾驶，出事故不单保险不赔，可能会以无照驾驶被处罚。

图 4-39　驾驶证丢失造成的损失保险公司不赔

4-276 事发超过48小时未告知保险公司，有可能不赔

这里为什么是"有可能不赔"呢？原因是《保险法》规定：被保险人须在保险事故发生后48小时内通知保险人，否则造成损失无法确定或扩大的部分，保险人不承担赔偿责任。

也就是说如果事故发生超过48小时才通知保险公司，同时也不能提供有效的财产损失证明，保险公司有权拒赔（图4-40）。

当然如果可以提供有效的证明，包括交警给出的有效事故责任认定书或者是财产损失证明（例如车辆修理费等），那么就可以继续向保险公司索赔。不过建议大家最好还是尽可能在48小时内报案，减少不必要的麻烦；若确实由于特殊原因未能及时报案，也要现场拍照保留证据。

图 4-40　事发超过48小时未告知保险公司有可能不赔

4-277 出险次数过多车损险会拒赔吗?

李先生是个脾气特别温顺的“好好先生”，遇事从来不和别人计较，每次小刮小蹭都特舍得用车损险来赔。到了年底，保险公司的一个电话让他彻底陷入了谷底，由于一年内出险次数达4次，该家保险公司通知李先生：次年将不予提供车损险服务。这下李先生彻底懵了。

保险公司理赔员答复李先生，针对当年出现三次小剐碰，出险三次，再出险一次就不能续保了(图4-41)。只能保交强险不能保商业车损险。出险三次，商业险其他险种也会相应上浮30%左右，其中就包括第三者责任险、座位险、盗抢险。而交强险也要上浮10%，如去年945元，今年就要1045元。有的保险公司直言，已经出险三次，车损险可以投保，但必须投保第三者责任险50万元、盗抢险和自燃险。同时车损险也要上浮，续保的车主上浮20%，转保的车主上浮40%。建议谨慎出险！小伤小病建议自费，大病大灾再走车保。

图 4-41 保险与出险次数有关

4-278 保险费交清前发生的保险事故保险公司为何不赔?

基本险通用条款第八条写明，除保险合同另有约定外，投保人应在保险合同成立时一次交清保险费。保险费交清前发生的保险事故，保险人不承担保险责任(图4-42)。

同时，《保险法》规定，如果在超过规定的期限六十日内未支付当期保费，保险合同效力也中止，或者由保险人按照合同约定的条件减少保险金额。除非另有约定，否则此时的保险合约也就相当于一纸空文。

图 4-42 保险费交清前发生的保险事故不赔

4-279 万恶的“碰瓷”= 不赔!

很多驾驶人在看到这个字眼的时候都会恨得直咬牙，没办法，现在就是有那么多不守规矩的驾驶人、骑行者和行人有意无意地触犯着交通法规，并且还会巧妙地躲避处罚，反而让你出现“犯规”。这就是“碰瓷”(图4-43)，保险公司对于这点也是很纠结，所以干脆不管了。由“碰瓷”而导致的赔偿或损失，保险公司是不会负责理赔的，所以各位在路上行驶一定要眼尖手快，小心谨慎。

“碰瓷”这种事是很难界定和解决的一种情况，就连交警有时候都很难进行责任判断，更别说保险公司了，所以一旦发生这种情况，保险公司是肯定不会管的，大家只能小心加小心了。

图 4-43 碰瓷

4-280 车辆被盗未遂，但锁具却被破坏了 = 不赔？

如果你的车辆不巧被小偷看上了，但是因为种种原因小偷又没有得逞，但是却在偷盗的过程中把你的锁具破坏了（图4-44），这个部分的损失保险公司是不会负责赔偿的（即使上了盗抢险也不管赔）。

图 4-44　车辆被盗未遂，但锁具却被破坏了

第三节　异地出险

4-281 异地出险“私了”还是“公了”？

如果说家门口出险大家都知道应当如何处理，但如果身在外地，人生地不熟，很多人出了事故会首选“私了”。其实我们并不是不赞成私了解决问题的办法，私了的优势在于简单省事，但是前提是小刮小蹭没有第三方受伤等情况出现时，并且可以预估出车辆损失的情况下协商进行“私了”。如果是大事故造成车辆严重损坏或是人员伤亡，一方面是非专业人士很难预估真实损失，会对日后的维修造成很多不便，另一方面是很多繁琐的后续隐患可能是“私了”不能彻底解决的。因此根据事故严重性，在有把握的情况下也可以采取“私了”的做法（图4-45）。

图 4-45　异地出险谨慎选择私了

4-282 出现异地事故应该怎样正确对待？

异地事故当中，正常的理赔流程应该是怎么样的呢？

1）有理没理，先拍照取证。无论你是在异地还是在本地，全责、主责还是次责。出了事故第一时间，先用相机或者手机把事故现场、双方车辆受损部分拍照留证（图4-46）。

2）拔打服务热线异地出险，使用全国通赔。现在全国主流的保险公司都开通了全国通赔的服务，异地事故后只需要拔打保险公司全国统一服务电话（图4-47），就可以在指引下快速完成异地报险、定损。随后的理赔也可在异地完成。下面的车主就是通过全国通赔服务，2天内完成整个理赔流程。

图 4-46　拍照留证

图 4–47　保险公司报案电话

如车主李先生在山西自驾游时，与一辆奥迪A4发生刮蹭事故。想到A4可怕的维修费用，李先生决定出保险。拔通了某保险公司的全国统一服务电话，很快就安排了勘察员过来处理。接下来的定损、维修、理赔在2天内完成，这速度让李先生很是满意。

3）及时报警拿到理赔所需的事故证明。事故发生后，车主应该赶紧向当地交警部门报案（图4–48），等待执勤交警过来处理。如果采取交通事故快速处理办法或者私了，也请于48小时内向当地交警部门报案，超过时限保险公司有权拒赔。

图 4–48　交通事故报警电话

因为在车损及盗抢险的免责条款当中有明确规定：被保险人知道保险事故发生后，应在48小时内向出险当地相关部门报案，并通知保险人。否则，造成损失无法确定或扩大的部分，保险人不承担赔偿责任。

在全国通赔盛行的现在，异地事故出保险并不麻烦，关键在于第一时间通知保险公司，然后现场拍照取证。如果采取私了的方式，也请留下对方的联系方式，以免后续需要对方协助时可以联系上。

4-283　外地出险哪些情况不给理赔？

总的来看，除了要在离开前拿到全面资料以外，外地出险和本地出险的处理流程差别不大，但是有几点可能造成不给予理赔的情况需要特别注意。

（1）私了不赔

由于选择了私了，对于事故的原因、责任、损失等重要的信息无法判定，因此这部分损失也就无法获得保险公司的赔偿。

（2）破坏现场不赔

其实这种情况与私了有些类似，在不能明确判断和认可事故责任之前，破坏了现场并且没有留下足够的证据资料的情况下，保险公司无法对于事故责任和原因进行认定，也就无法赔付。

（3）出险后再次行驶造成的损坏不赔

出险后驾驶人应当采取合理必要的措施不扩大车辆损失，如果在出险后继续行驶途中造成二次损失（图4–49），这部分损失保险公司是不会赔偿的。

图 4–49　出险后再次行驶不赔

（4）定损前擅自修车不赔

一些朋友在出险报案后，想尽快将个别问题修好可以继续使用车辆，这种报案后擅自修车可能会导致一些损失无法判断，因此会有一部分损失无法得到赔偿，这点需要特别注意。

4-284　在外地出单方事故怎样进行处理？

一般在外地相对比较容易出的保险事故就是单方事故（图4–50），而对于单方事故且没有造成任何人伤亡或物品损失的事故，处理的方法要相对简单一些。

对于这种事故首先出险后不要挪动车辆，一定要保护好现场。同时观察车辆的损失情况，看看车辆是否能继续前行，另外再检查车辆的零件是否有问题，比如悬架是否变形、是否有油液渗漏等。

图 4–50　车辆单方事故

接下来就要给车辆承保的保险公司报案中心打电话报案，报案时要说清自己车辆的损失情况，询问是否需要开具交警队证明或自己拍摄现场照片，并询问保险公司下一步如何定损等问题。如果保险公司在当地有分支机构，那么后续的步骤就简单了，按照报案中心要求的去办理就行；如果保险公司在当地没有分支机构就有可能出现以下三种情况。

1）轻微损伤：由车主自己照相后带回车辆所在地，保险公司再依据照片来定损。

2）较严重损伤：承保公司就会派人去当地处理。

3）一般损失：承保公司会让车主自己在当地寻找其他的保险公司代为查勘。

如果是第三种情况，车主应先问问承保公司在出险地是否有合作的公司可以代为进行查勘，如果没有可以咨询下当地的平安、太平洋或是中华联合保险是否能代为查勘，如果上面三家公司都不接受的话，再咨询其他公司。如果确实找不到代查勘的公司应立即再与承保公司联系，告知情况询问如何处理。

4-285　双方事故或涉及人、物损伤的事故需首先报警吗？

双方事故需要在出险后立即报警，交通事故的快速处理办法此时在外地也完全不适用了。对于这类双方事故或者人伤物损事故（图4–51），是否首先经过交通队处理将对索赔能否成功影响很大，稍有不慎就会造成保险公司拒赔或是很大额度的免赔。

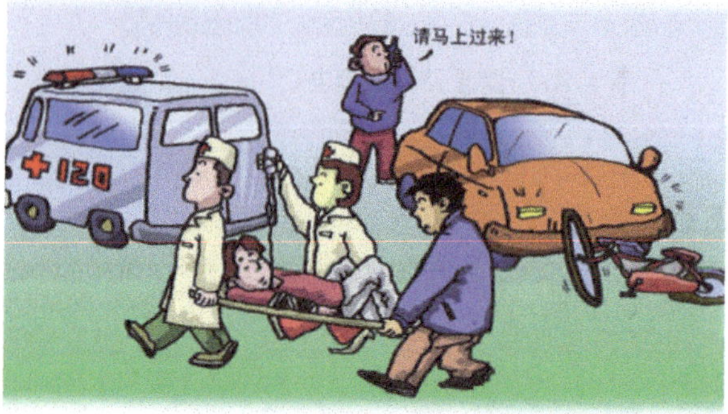

图 4–51　涉及人、物损伤的事故

双方事故如果自己是全责，对方车辆没有损失，此时也应让其等候交警来处理。等候期间问清对方是何地哪家保险公司的交强险。让对方给他自己的公司打电话报案并记下对方的联系电话、保单号、报案号、被保险人名称、车牌号，有条件的对对方的行驶证和驾驶证以及车辆简单拍照。

4-286　任何险种都可以随时投保吗？投保了保险就能得到赔付吗？

无论是国家强制投保的交强险还是保险公司的商业险都是要求每年投保的，这样您的车在出现事故后才可以得到赔付，但是商业险中的车损险是个例外，多数保险公司要求从起始注册日期起超过8年的车是不可以投保车损险的，也就是您自己的车辆出险后只能自己掏钱修车了。

那么我投保了相应车险就能得到保险公司的赔付吗？还真不是，比如您的车没有牌照或者是没有验车那出险的时候保险公司也是拒绝赔偿的，再或者是撞了您的亲属保险公司也是不能理赔的。

理赔潜规则：如果您真的很不幸撞了一位自己的亲人那怎么办？保险公司说了交强险可以赔给你，但是三者险不能？为什么，因为三者险是不可理赔亲属的。那这种情况怎么办？简单，换个与被撞人不是亲属关系的驾驶人就成了。

4-287 无论多大的损伤都要走保险吗?

上保险的目的是什么？肯定有人说，是为了车辆出险后有人赔偿呗。没错，只要您车出了险，找保险公司理赔他们绝对不敢不赔您，您认为多找保险公司理赔就能把您的保险费赚出来？

其实真不是这样。一般来说每辆车的商业保险费用大概在4000~5000元左右，如果您在一年的保险期内没有索赔，您将在下一年投保时获得10%的无赔款优待，如果理赔次数或者理赔总金额超过一定金额，您在下一年投保时保费还会上涨。因此，如果您车辆索赔金额太小（图4-52），我想还是就这样算了吧。

图 4-52　索赔金额小时尽量不用理赔

4-288 保险费能退吗？能过户吗？

我先回答您，任何保险都可以退。那么接着就有问题了，具体可以退多少？通过了解退保金额按您投保时保单的总价格减去保险单短期费率之后就是您可得到的退保金额，而具体计算方式和这个保险单短期费率是多少是各个保险公司来决定的。

由于现在二手车交易越来越热火，很多准新车也出现在了二手车市场上，这些准新车往往只开了几个月，因此他们当年投保的保险自然没有过期，因此如果有消费者购买了这辆保险没有到期的车辆，那么就必须将这辆车未到期的保单进行过户，否则在日后理赔上会比较麻烦。而办理保险过户也比较简单，您可以自己去投保的保险公司办理，也可以通过购买二手车的中介公司进行保险的过户。另外，如果您购买的二手车打算过户到另外一个地区，也就是跨区购买二手车，那么保险也是可以跨区域过户的，这点您可完全放心。

4-289 当不慎发生交通事故正确的处理方法是怎样的?

1）立即拨打交通事故报警台“122”或医疗急救电话“120”，同时向当地95518报告事故详细地点以及事故概况；拨打报警电话后，请认真保护事故现场，如遇事故伤员急需提供救助，请在移动伤员进行抢救的同时，不要移动出险的车辆及现场。

2）交警勘查现场时，应积极协助警方开展工作，并向警方提供发生事故的经过，出示驾驶证、行驶证、身份证及相关证件，现场勘查完毕，应在现场勘查图上签字。

3）当事人应如实陈述事故发生经过的详细情况，积极配合警方做好询问、讯问笔录，并以文字方式向警方提供自述材料。

4）因事故造成的车物损失，应由保险公司定损，并经警方确认，当事人可以自行选择有修复肇事车辆资格的修理厂修复车辆。

5）交通事故损害赔偿调解的时间、地点、方式由警方指定，并在办案人员主持下进行。调解参加人须经警方同意，一方人数不得超过三人。在规定的期限内，经二次调解未达成协议或调解书生效后任何一方不履行的，警方不再调解，当事人可向人民法院提起诉前保全和民事诉讼。

6）受损方在调解中应出具赔偿依据。如医疗证明、抚养、赡养人数及证明等。

4-290 车辆保单要随身携带吗?

首先我们要注意的是车辆保险的有效期，这个期限一般为1年，在保单上都会标注，车主在准备出行时，可以先看看自己的保单是否已经过期或者马上就要过期，并随车携带（图4-53）。在保险到期前，保险公司的销售人员都会给车主打电话提醒续保，如果您的保险到期时间在春节假期期间或者已经过期，建议您还是先把保险续上再准备出行。另外根据我们了解保险公司在假期都会有值班的投保人员，您也可以通过电话投保的方式来上保险。

图 4–53　春节出行携带好保单

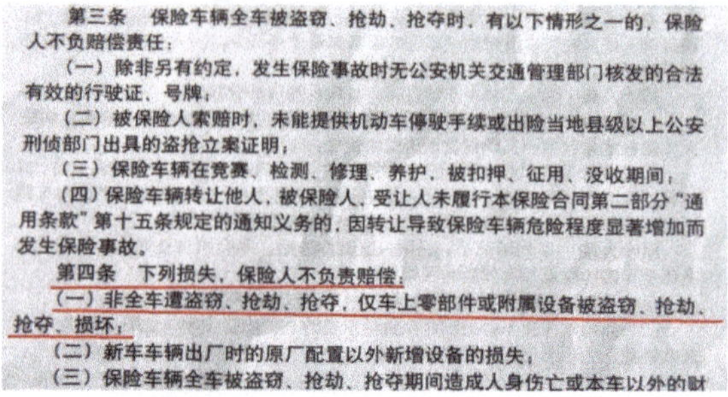

第三条　保险车辆全车被盗窃、抢劫、抢夺时，有以下情形之一的，保险人不负赔偿责任：

（一）除非另有约定，发生保险事故时无公安机关交通管理部门核发的合法有效的行驶证、号牌；

（二）被保险人索赔时，未能提供机动车停驶手续或出险当地县级以上公安刑侦部门出具的盗抢立案证明；

（三）保险车辆在竞赛、检测、修理、养护、被扣押、征用、没收期间；

（四）保险车辆转让他人，被保险人、受让人未履行本保险合同第二部分"通用条款"第十五条规定的通知义务的，因转让导致保险车辆危险程度显著增加而发生保险事故。

第四条　下列损失，保险人不负责赔偿：

（一）非全车遭盗窃、抢劫、抢夺，仅车上零部件或附属设备被盗窃、抢劫、抢夺、损坏；

（二）新车车辆出厂时的原厂配置以外新增设备的损失；

（三）保险车辆全车被盗窃、抢劫、抢夺期间造成人身伤亡或本车以外的财

图 4–54　保险的理赔范围

4-291　保险的理赔范围是怎样的？

说到保险理赔范围，可能很多朋友在这里还是有一些误区，比如全车盗抢险，很多朋友觉得只要是车上的东西被盗抢了，保险公司就应该理赔；其实并不是这样，全车盗抢险只理赔整车被盗抢的情况（图4–54），如果车辆的单个零部件被盗是不予理赔的。前些时候我的一个朋友就犯了这样的错误，他的车轮胎和轮圈都被偷了，在给保险公司报案的过程中才被告知这种情况保险公司是不予理赔的。

另外还有一些保险项目比如：车辆自燃险，如果车辆发生自燃，保险公司只会赔偿车辆本身的损失，而车内物品和自己加装的设备（如便携式导航、行车记录仪等）是不赔偿的；还有车上货物责任险的理赔范围不包括车内人员随身携带的物品，例如手机、手表等。

建议大家在准备出发之前，先看一看自己保险单上写的理赔范围，如果有可能还可以追加一些保险项目，比如新增加设备损失险、随车行李物品损失险等附加项目，这样在发生事故后，还可以减少一部分损失。

第四节　汽车保险误区

4-292　给爱车上"全险"等于"全赔偿"吗？

很多朋友在选择车险的时候都会和保险推销员说，我的车要上全险，因此多数朋友误以为给爱车上了"全险"就可以得到"全赔"。经过了解，其实"全险"这个词在保险公司和国家相关法律中并不存在，只是人们的一个习惯用语。人们习惯性地将包括交强险、商业三者险、不计免赔险、车损险、盗抢险、车上人员险等在内的几个主要险种笼统地称为"全险"。因此，上"全险"并不等于全赔（图4–55）。

图 4–55　全险不等于全赔

您在车辆保险投保的时候一定要注意相关投保保险公司针对不同险种的解释以及理赔范围的界定，也就是理赔的前提是什么。如果不了解清楚就贸然购买保险，即使购买了所谓的"全险"，也不一定会获取全额赔偿。根据自身的使用情况，根据自己实际情况选择所需要的风险保障，这样不仅能为您以后的理赔提供便利，同时也节省了一部分车辆的保险费用。

4-293 车辆承保价值越高日后理赔金额越高吗?

相信各位车主朋友们一定都不希望车辆被盗或者毁坏的情况出现在自己身上，没关系，只要您上的保险可以符合您的理赔条件，保险公司就会完整地赔付您应得的赔款。而这里就出现一个问题，那就是车辆承保价格越高日后就能得到车辆承保时的金额吗?

当然回答是否定的，如果您是新车保险，那么车辆投保金额就会按照车辆实际销售价格，而如果您是续保险，那么车辆投保金额将会按照当前新车销售或者二手车销售价格进行投保。因此您在投保的时候车辆投保金额应按投保时保险车辆的实际价值确定，足额投保，确保出险时能得到合理的赔偿。千万不要超额投保，因为超额投保并不能得到超额的赔偿，这样做只是白白浪费钱。

4-294 老龄车上保险会比较困难吗?

很多开老车的朋友可能都遇到过这样的问题，就是在购买保险的时候经常受到保险公司的拒绝，其实这里有个误区，并不是购买所有的险种都有困难，这里主要说的是车损险。因为老龄车（图4-56）的定损比较困难，残值的确定也很模糊，另外相关维修配件较少，所以多数保险公司不愿意承保此类车型。另外，购买交强险和三者险是不受使用年限的影响的。不过对于年头过长的老旧车型，相关保费是有一定上浮的。

图 4-56　车龄较长的车

4-295 保单上的特别条款我们要格外注意吗?

多数保险公司为了减少赔款而设定了很多特别条款，以通过这些条款而限制投保人的使用以期降低发案率和投保人的投保费用。而这些特别条款往往会给投保人带来很多麻烦，因此我们在车辆投保的时候一定要特别注意。比如：盗抢险的生效日期为汽车牌照办理好的次日生效、行驶范围为XX省（市、自治区）境内、保险受益人为XX等，这些都是保险公司制定的一些所谓的“特别条款”（图4-57）。

这些特别条款经常被视作是保障保险公司自身利益的“霸王条款”。对于办理保险的车主来说，应该在投保前咨询清楚，同时在收到保险单时特别注意一下在内容上有无限制性的“特别约定”，以免日后维护自己利益时障碍重重。

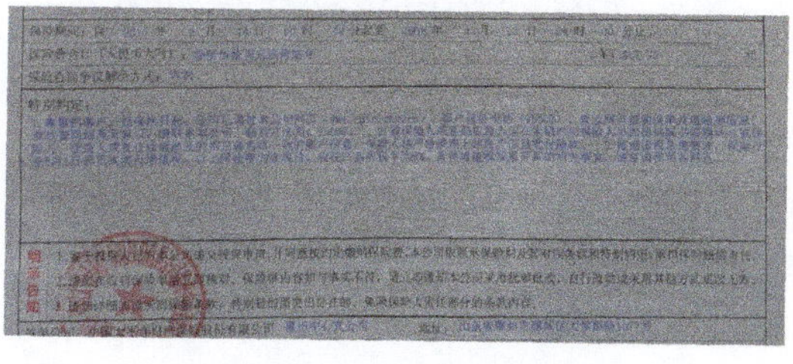

图 4-57　保单上的特别条款

4-296 车辆出险后保险公司可以指定修理厂维修吗?

当发生事故后，应当是有责任方向对方赔付，被赔付方去4S店或自己信任的修理厂进行维修后走理赔手续。但很多车主都遇到过这样的问题，就是对方要求到修理厂的地点，这是为了降低维修成本，在不是自己信任的修理厂修车很难保证维修质量，所以遇到此情况一定不要轻易答应。因为无论是对方还是对方的保险公司都无权指定修车地点（图4-58）。

图 4-58　车辆出险后保险公司不可指定修理厂维修

4-297 购买不计免赔等于全赔吗？

在投保时很多车主都会选择不计免赔。购买了不计免赔特约险后，并不是所有的事故都会得到百分之百赔付，还是有一些特殊事故，保险公司会对一些特定的事故定出单独的免赔率，而且这些免赔率不属于不计免赔范围（图4-59）。比如多次出险、超范围行驶、车辆超载等，一般会加扣免赔率。

图 4-59 不计免赔不等于全赔

4-299 出保险后车辆再次行驶的损坏保险公司赔偿吗？

有车险条款规定，当汽车发生事故后，驾驶人未经必要的修理就继续使用汽车（图4-60），致使汽车损失扩大部分保险公司不理赔。所以事故当中，如果车辆受损程度已经不适宜继续行驶的，建议由专业拖车公司拖往修理点。

如温女士的儿子驾驶一辆VOLVO轿车，在昌平区一环岛处与环岛相撞，车头和底盘受损。事发后，温女士向保险公司报了案，但保险公司拒绝理赔。拒赔的原因是驾驶人在车辆底盘受损的情况下，继续驾驶把车开回了家，导致保险公司对事故的损失无法查清。

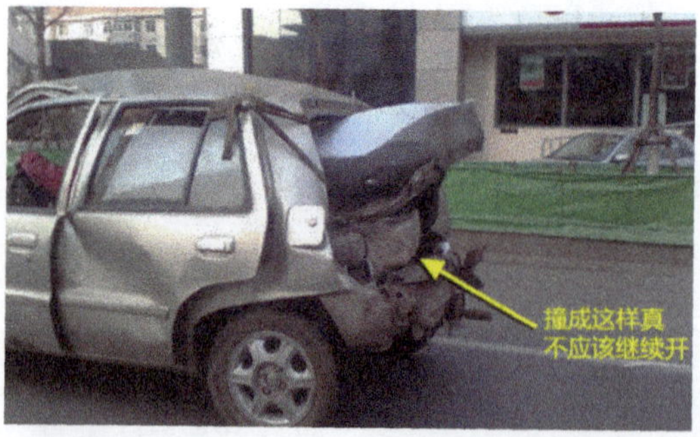

图 4-60 事故后驾驶人不要继续移动汽车

4-298 趁保险到期之前出险修车影响保费打折吗？

在保险到期之前必须续保才能保证下一年的保障，这就存在一个时间重叠的问题，即购买完下一年的保险后，当年的保险还没有到期，那么在这个期间内发生的事故理赔则不存在影响下一年保费的问题，因为已经买完了。但是这也是个误区，看起来是先买了再出险是占了一年的便宜，该优惠还是有优惠，但这其实是换汤不换药，会影响到后年的保费，减少优惠或保费上浮。

4-300 定损前维修车辆保险公司会拒赔吗？

有些车主在出险后不是立刻向保险公司报案，而是先找修理厂，等到车子修理完毕之后再找保险公司报销费用（图4-61）。这种情况下，保险公司会以无法定损为由而拒绝赔偿。正确的程序是事故造成的车辆损伤，先等待保险公司定损。然后才到就近维修点维修。

图 4-61 定损后再进行车辆维修

4-301 交通事故等侵权行为造成的死亡，赔偿金项目及标准是怎样的？

根据《人身损害赔偿解释》第十七条第二款：受害人死亡的，赔偿义务人除应当根据抢救治疗情况赔偿本条第一款规定的相关费用外，还应当赔偿丧葬费、被扶养人生活费、死亡补偿费以及受害人亲属办理丧葬事宜支出的交通费、住宿费和误工损失等其他合理费用及第十八条：受害人或者死者近亲属遭受精神损害，赔偿权利人向人民法院请求赔偿精神损害抚慰金的，适用《最高人民法院关于确定民事侵权精神损害赔偿责任若干问题的解释》予以确定。

（1）丧葬费

上年度年该地区社会平均工资×6个月；

以重庆市为例：2014年社会平均工资4738元/月×6个月=28428元。

（2）死亡赔偿金（图4-62）

图 4-62　农村和城镇户口应当同命同价

上年度该地区城镇居民人均可支配收入×20年（城镇），上年度该地区农村居民人均纯收入×20年（农村）。

以重庆城镇户口为例：城镇居民人均可支配收入25147元×20年=502940元。

以重庆农村户口为例：农村居民人均纯收入9490元×20年=189800元。

（3）住院费、医疗费用

根据票据据实计算。

（4）被抚养人生活费

被抚养人是指受害人依法应当承担抚养义务的未成年人或者丧失劳动能力又无其他生活来源的成年近亲属。被抚养人还有其他抚养人的，赔偿义务人只赔偿受害人依法应当负担的部分。被抚养人有数人的，年赔偿总额累计不超过上一年度城镇居民人均消费性支出额或者农村居民人均年生活消费支出额。

（5）交通费

交通费根据受害人及其必要的陪护人员因就医或者转院治疗实际发生的费用计算。交通费应当以正式票据为凭；有关凭据应当与就医地点、时间、人数、次数相符合。

第五节 代位追偿

4-302 什么是代位追偿?

开车出门在外，小磕小碰在所难免。不过好在现在都购买了汽车保险，出了事故保险公司快速搞定倒也省心。但是当你碰上个用千万种借口拖延赔偿的无赖，或者直接碰上个牛哄哄直接拒赔的大爷，就不好受了。这种情况下，建议车主向保险公司申请代位追偿。

代位追偿的意思是指，如果你与对方车辆相撞，交警判对方全责。但是因为对方只购买了交强险，个人经济能力也不佳，无法进行赔付。这时你可以向自己的保险公司申请先把修车的钱赔给你，然后由保险公司去向对方追讨赔偿款。

申请使用“代位追偿”的前提就是您需要投保交强险和商业保险（如第三者责任险、车辆损失险等），否则保险公司是不会受理您的申请的。

4-303 对方车辆无保险可以申请使用“代位追偿”吗?

如果对方恰好是一辆刚刚购买的新车（图4-63），还没有上任何保险，如果此时您与它发生了事故，对方驾驶人不给您相关赔付的话，可以先由您所在的保险公司赔偿您的维修费用，之后再向肇事方追求索赔。

图 4-63　未上保险的新车

4-304　对方无经济赔偿能力可以申请使用“代位追偿”吗?

在很多交通事故的案例中，肇事车辆驾驶人没有赔偿能力，这也使得受损失的车主非常郁闷。其实当您遇到这种情况的时候，也可以向您所投保的保险公司申请“代位追偿”(图4-64)。

图 4-64　代位追偿

4-305　对方故意拖延或故意拒付相关赔偿可以申请使用“代位追偿”吗?

如图4-65所示，在有些事故中还会遇到一些“老赖”(拒不赔付欠款或者赔偿人员的俗称)，在警察给出相关裁决之后，以各种理由拒绝或者延期赔付维修费用，甚至“人间消失”。此时也可以向保险公司申请“代位追偿”。

图 4-65　事故中遭遇“老赖”

4-306　对方拒绝在交通事故责任认定书上签字可以申请使用“代位追偿”吗?

在有些交通事故中，一方对交警的裁决有异议，对交警出具的事故责任认定书(图4-66)不认可且拒绝签字。对于这种情况，作为受害方的您可以向您所在的保险公司申请“代位追偿”。

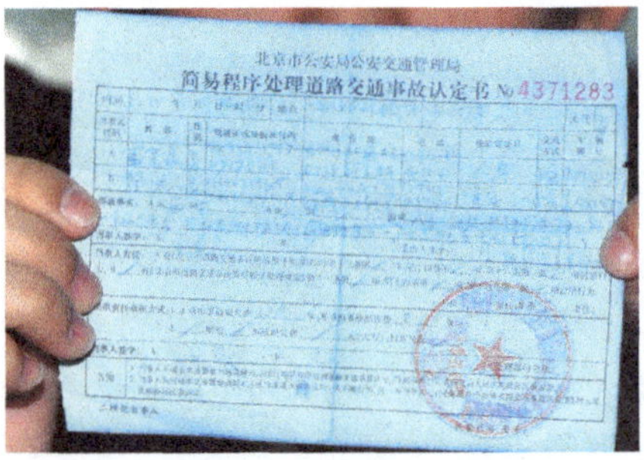

图 4-66　交通事故责任认定书

4-307　对方逃逸后有证据证明肇事车辆信息可以申请使用“代位追偿”吗?

肇事逃逸的情况在近几年的交通事故中频发，如果在发生交通事故之后，对方肇事车辆逃逸，此时您可以通过照片、行车记录仪甚至是录音记下对方的车牌号和车主的信息(图4-67)，这样也可以向您所投保的保险公司申请“代位追偿”。

图 4-67　将车辆逃逸情况记录

4-308 在哪些情况下不能使用"代位追偿"？

（1）无第三者的事故

如果事故是单方事故（图4-68），没有造成第三者的损失，是不适用于"代位追偿"的。

图 4-68　汽车撞树不适合"代位追偿"

（2）非保险赔偿范围

如图4-69所示，如果在车辆事故中轮胎破损、轮圈划伤、后视镜伤痕以及车内物品遗失等可能不属于保险理赔范围内的物品损伤，无论是不是有第三者，都不适用"代位追偿"。

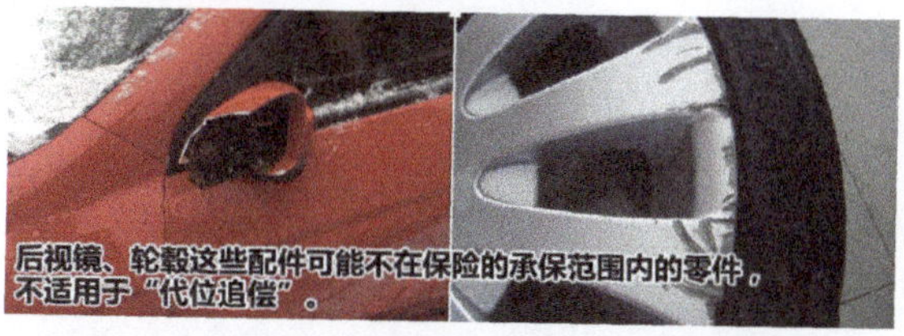

图 4-69　后视镜、轮毂不适用于"代位追偿"

（3）事故第三者无责不能申请代位追偿

如果事故认定中自己全责对方无责的话，也不能申请代位追偿。道理嘛也很简单，全责就等于是自己负上所有的损失赔偿，保险公司也就没有第三者可以追讨赔偿了。

4-309 申请"代位追偿"步骤和流程是怎样的?

申请"代位追偿"究竟是怎么样的流程以及要准备的相关材料有哪些? 如图4-70所示，通过流程图的方式进行展示。

"代位追偿"已经被《保险法》规定为每家保险公司必须要承担的一项责任，保险公司不能再以"投保人无责任"这种借口，拒绝赔偿无责任方的相关损失。此外，很多保险公司都将"代位追偿"写入了保单的说明中，您在投保的时候一定要让保险公司的相关人员给您说明，避免未来遇到相关情况的时候给您造成损失。

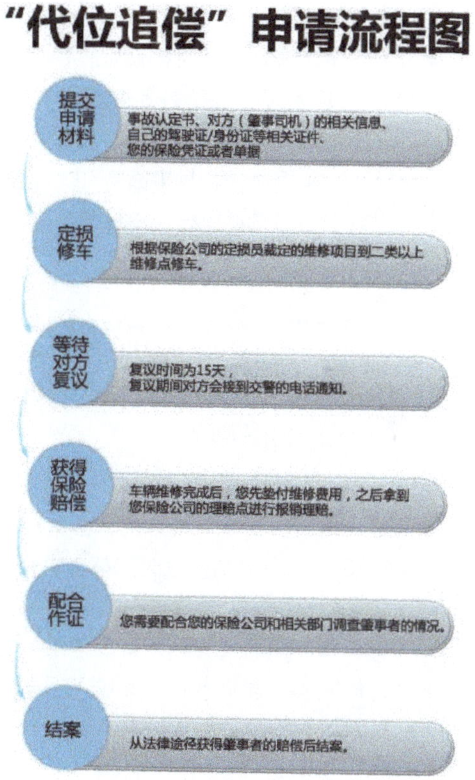

图 4-70　代位追偿申请流程图

4-310 申请代位追偿需要准备哪些材料？流程是怎样的？

申请代位追偿需要准备4种材料：①事故认定书；②对方的信息，如果现场没有获取，可以到给你事故认定书的交警队去调取；③本人驾驶证、身份证等相关证件；④保险单据。

如图4-71所示，申请代位追偿需要5个步骤：①找4S店协助走程序，定损，修车，填表等；②等待对方复议，复议时间为15天，复议期间对方会接到交警的电话通知；③保险公司正式代位追偿，同时提前赔付你钱；④配合保险公司作证；⑤取得赔偿，案子终结。

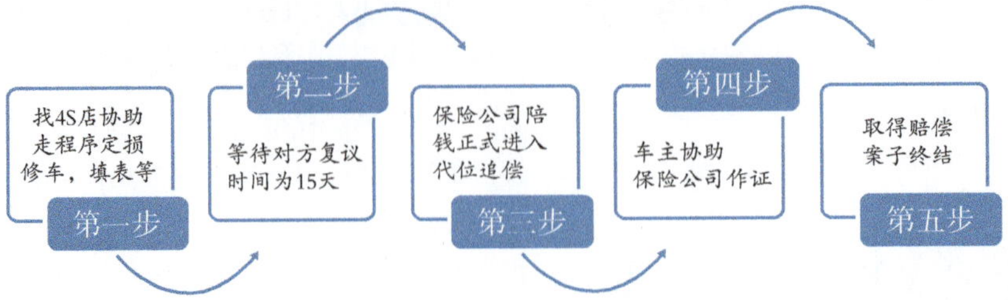

图 4-71 代位追偿流程

4-311 天津港爆炸事故损伤车辆怎样进行赔偿?

对于2015年天津港爆炸事故造成的财产损失（图4-72），依照惯例是应该向事故责任方追讨赔偿。若责任方不明，车辆保险或财产保险投保人可向保险公司索赔，并采用“代位追偿”的方式，再由保险公司代投保人向事故责任方追偿。此次天津大爆炸事件社会影响巨大，且事故责任方尚未明确，不排除国家有关部门会介入赔偿流程中，由保险公司先行赔付受波及车辆的损失。

图 4-72 天津港爆炸事故造成车辆烧毁

4-312 新车上路可能会存在哪些保险方面的隐患?

（1）保险未到生效时间

保险并不是一购买，当场就生效的，会有一个生效时间（图4-73）。而保险的生效时间都会在保单上写明。在车辆保险合同中，交强险的生效时间为出合同后当晚12点后。而商业保险则要视保险公司出保单的速度，保险会于保单出后当晚12点后开始生效。

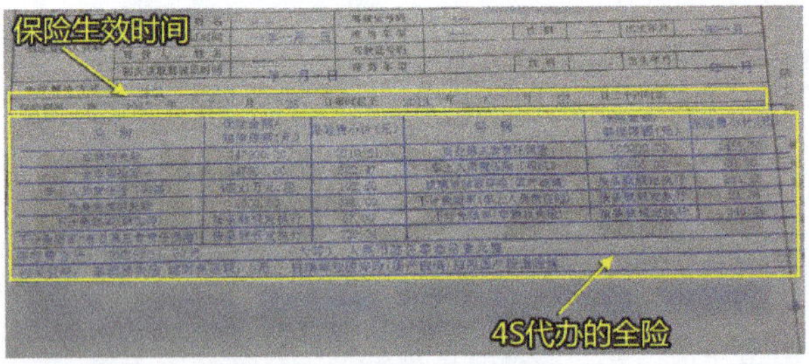

图 4-73 保险的生效时间

（2）未上牌车辆遭盗抢保险公司可拒赔

保险单上都会有“新车如果在未正式上牌时遭盗抢，盗抢险将不生效”的免责条款（图4-74）。这种免责条款，一般会附在保险单背后的细则内，有时也会通过手写或者机打的形式写到保单内，建议车主在收取保单时，针对这些条款细看一下。

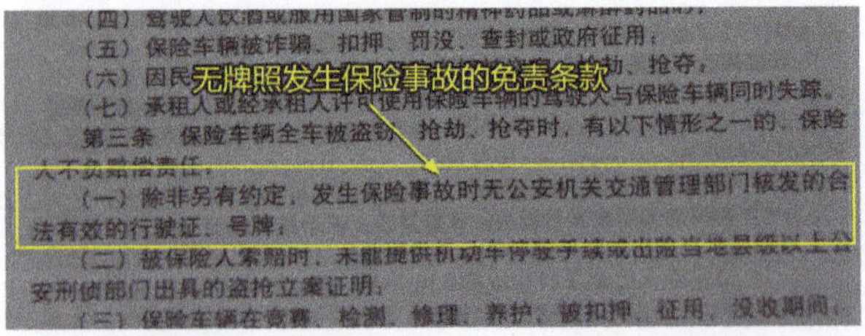

图 4-74 无牌照发生保险事故的免责条款

（3）无牌出事故保险可拒赔

大家记得购车后，在没有真正上牌之前，发生事故，保险公司第三者责任险是不赔偿的。还没上牌就上路，相当于非法上路，出了事保险公司有权拒绝赔偿。

CHAPTER

第五章

车险事故的查勘与定损

第一节 车险事故的现场查勘与定损

5-313 什么是交通事故?

根据《中华人民共和国道路交通安全法》第119条的规定，交通事故是指车辆在道路上因过错或者意外造成的人身伤亡或财产损失的事件（图5-1）。这里讲的车辆包括机动车（但在轨道上运行的火车、地铁等除外）和非机动车；道路是指公路、城市道路和虽然属于单位管辖范围但允许社会机动车辆通行的地方，包括广场、公共停车场等用于公众通行的场所。

图 5-1 交通事故

5-314 交通事故有哪些构成要素?

1）事故必须发生在《道路交通安全法》中规定的道路上。

2）事故必须由机动车或非机动车造成。

3）车辆必须是在运行过程中而非处于停止状态。

4）必须要有损害后果的发生，即事故必须在客观上造成了人身伤亡或财产损失。

5）事故责任人的主观心理只能是过失或意外。

过失是指加害人主观上应当预见到损害结果的发生，因粗心大意未能预见，或者虽已预见但因过于自信而未采取恰当措施，从而导致交通事故的发生，如超载、违章等。

5-315 判断是否是"意外事故""过失"的原则有哪些?

判断是否是"意外事故"一般有三个原则：一是外来的、突发的；二是出于不能抗拒或者不能预见的；三是非主观因素造成的。如果发生的事故中有一个或多个不符合原则的，则不属于"意外事故"。

判断是否为"过失"有两个原则：一是加害人主观上应当预见到损害结果的发生，却因粗心大意未能预见；二是加害人虽已预见到损害结果可能发生，但因过于自信未采取恰当措施，导致交通事故的发生，如超载、违章等。

值得注意的是，虽然交道事故常常伴随着加害人违反了道路交通法规，但判断是否构成交通事故，并不以违反道路交通法规为前提。

5-316 哪些情形不属于交通事故？

1）车辆在不供公众通行的道路上发生的事故，如：厂矿、油田、农场、林场的专有道路；乡村小道、农村场院；机关、学校、单位大院及住宅区楼群之间的道路；铁道口、渡口、港口、车站、机场、货场内等。

2）车辆在道路上举行军事演习、体育竞赛时工作、竞赛及演习人员发生的事故。

3）工程车辆在道路上作业时发生的施工人员的事故（图5-2）。

4）在车上发生挤伤、挤死的事故。

5）车辆处于停止状态时发生的事故，如：拉运煤的大货车停在路边时，煤块突然掉落将人砸伤或行人撞到停在便道上的汽车而受伤等。

6）事故责任人在主观上属于故意造成的事故，如“碰瓷”。

图 5-2　工程车辆作业时发生的事故

5-317 车辆在道路以外通行时发生的事故应怎样处理？

依据《道路交通安全法》第77条规定：车辆在道路以外通行时发生的事故（图5-3），公安机关交通管理部门接到报案的，参照本规定处理。

由于在道路以外的其他场所没有可参照的交通规则标准，对于车和行人的行为很难进行违法行为认定和过错判断，所以其赔偿事宜原则上由当事人协商解决，协商不成的，可以由相关部门（如当地派出所）处理或向法院提起民事诉讼。如果有人向公安机关交通管理部门报案，公安机关交通管理部门应该负责处理，处理时可参照道路交通事故的规定。

图 5-3　小区内车辆事故

5-318 出现交通事故后怎样正确应对？

根据《道路交通安全法》第70条规定：在道路上发生交通事故，车辆驾驶人应当立即停车，保护现场；造成人身伤亡的，车辆驾驶人应当立即抢救受伤人员（图5-4），并迅速报告执勤的交通警察或者公安机关交通管理部门。因抢救受伤人员变动现场的，应当标明位置。乘车人、过往车辆驾驶人、过往行人应当予以协助。

在道路上发生交通事故，未造成人身伤亡，当事人对事实及成因无争议的，可以即行撤离现场，恢复交通，自行协商处理损害赔偿事宜；不即行撤离现场的，应当迅速报告执勤的交通警察或者公安机关交通管理部门。在道路上发生交通事故，仅造成轻微财产损失，并且基本事实清楚的，当事人应当先撤离现场再进行协商处理。

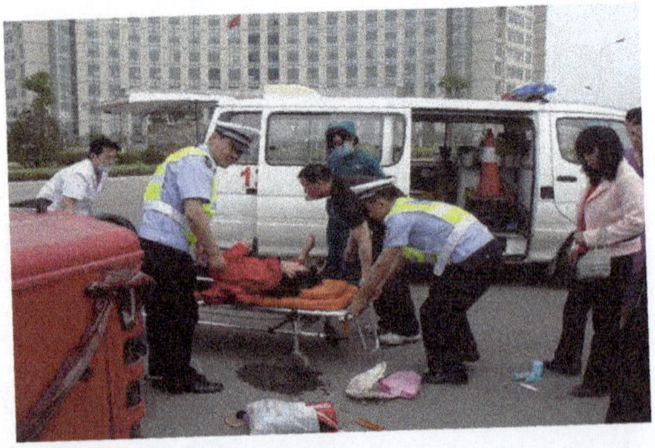

图 5-4　交通事故抢救受伤人员

5-319 道路交通事故发生后立即停车要做哪些事？

当事故发生后，机动车驾驶人应首先采取紧急制动措施停车，这是第一义务；其次是停车后按有关规定操作：拉紧驻车制动杆，切断电源，开启危险信号灯，夜间还须开启示宽灯、后位灯；再次是下车察看现场，确认事故是否发生，受害人及有关物品的损害情况，并在车后设置警告标志（图5–5）。

注意：切不可将车辆缓慢地靠向道路一边或向前缓慢停车，或向后倒车再停，因为这些行为将对事故现场造成不同程度的破坏，使事故责任无法认定或使损失进一步扩大，更不可驾车逃逸，这是违法行为，甚至构成犯罪。

图 5–5 交通事故车后设置警告标志

5-320 发生道路交通事故的哪些情形应保护现场并立即报警？

1）造成人员死亡、受伤的。

2）发生财产损失事故，当事人对事实及成因有争议的，以及虽然对事实及成因无争议，但协商损害赔偿未达成协议的。

3）机动车无号牌、无检验合格标志、无保险标志的。

4）载运爆炸物品、易燃易爆化学物品以及有毒害性、放射性、腐蚀性、传染病病原体等危险物品车辆的。

5）碰撞建筑物、公共设施（图5–6）或者其他设施的。

6）驾驶人无有效机动车驾驶证的。

7）驾驶人饮酒、服用国家管制的精神药品或者麻醉药品的。

8）当事人不能自行移动车辆的。

有上述第2）项至第5）项情形之一，车辆可以移动的，当事人可以在报警后，在确保安全的原则下对现场拍照或者标划停车位置，将车辆移至不妨碍交通的地点等候处理。

图 5–6 撞护栏的交通事故

5-321 交通事故导致人员伤亡的是否要立即抢救伤员？

如果交通事故导致人员伤亡的，事故当事人不能一味等待交警的到来，应本着人道主义精神并根据实际情况，立即采取相应的措施抢救受伤人员。另一方当事人应该立即拨打120或999急救电话（图5–7）或选择将受害人送到就近医院进行治疗。抢救伤员与保护现场应同步进行。如果涉及挪动受害人或事故车辆的，应当标好原位置，但如果受害者已经死亡的，则不应当搬动，要保护现场，等待交警来处理。

应该注意的是，如果选择将受伤人员送往医院治疗的，应当尽量拦截过往车辆，只有在紧急情况下才可以使用事故车辆，但应标记好停车位置。如果车上还有其他人员时应当留下保护现场。驾驶人在将受伤人员送到医院后应当立即返回现场。

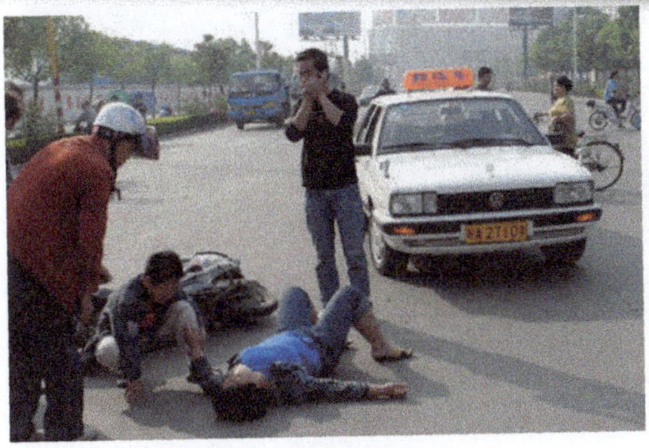

图 5–7 交通事故抢救伤员

5-322 为什么要保护交通事故现场？

交通事故现场是反映道路交通事故前后过程的空间场所（图5-8），存在大量的事故痕迹和物证，是交警勘验现场、分析原因、认定责任和处理事故的关键。现场的范围通常是指机动车采取制动措施时的地域至停车的地域，以及受害人行进、终止的位置。

图 5-8 保护交通事故现场

5-323 保护交通事故现场的方法有哪些？

1）立即确定现场的范围。用白灰、沙石、树枝、绳索等将现场围住，并仔细看护，禁止一切车辆和行人进入。标识现场的时候要尽量做到不妨碍交通。

2）如果要在现场抢救伤员，应标记伤员的原始位置。

3）遇到下雨、下雪、刮风等自然现象对现场可能造成破坏时，可以用塑料布等防湿工具将现场的尸体、血迹、车痕、制动印痕和其他散落物遮盖起来。

4）现场如果有扩大事故的因素，如汽油外溢，车上装有易燃、易爆、剧毒、放射性物品时，应立即设法消除，并向周围行人讲明现场的危险。必要时应将危险车辆驶离现场，同时要注意寻找目击证人，记下证人的身份和地址等信息，以备将来认定事实。

应当重点保护的现场痕迹：

1）路面痕迹，如车辆制动印痕、轧压痕迹、侧滑痕迹、行人鞋底与路面擦痕以及血迹、油迹、水迹等（图5-9）。

2）车辆与人体擦撞痕迹，如各种车辆造成的刮痕、沟槽、服装搓擦痕、车身浮尘擦痕等。

3）路面遗留物，如玻璃、漆片等散落物、人体组织的剥落物等。

图 5-9 保护交通事故现场

5-324 公安机关交通管理部门处理交通事故时的主要职责有哪些？

公安机关交通管理部门处理交通事故具体有以下四个方面的职责：一是处理交通事故现场；二是认定交通事故责任（图5-10）；三是处罚交通事故责任者；四是对损害赔偿进行调解。

凡是属于交通事故的都必须由交通管理部门处理，凡是属于非道路交通事故的，可向当地公安管理部门（如派出所）报告。

《道路交通安全法》第77条规定：车辆在道路以外通行时发生的事故，公安机关交通管理部门接到报案的，参照本法有关规定办理。也就是说，公安机关交通管理部门对道路以外的事故亦有管辖权，但前提是必须接到报案。

特别提示：我国地方公安机关交通管理部门通常分为三级，一是省、直辖市、自治区人民政府所属的公安厅（局）交通警察总队（交通管理局）；二是地（市）级人民政府所属的公安交通警察支队；三是县级人民政府所属的公安交通警察大队。

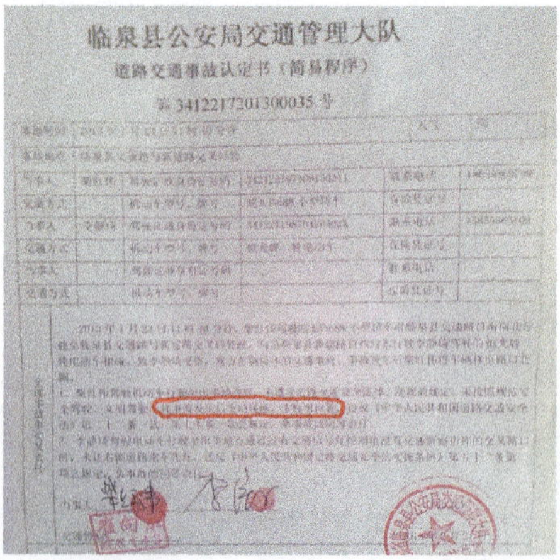

临泉县公安局交通管理大队

道路交通事故认定书（简易程序）

第 3412217201300035 号

图 5-10 交通事故责任认定书

5-325 产生现场变动的原因有哪些？

（1）抢救伤者　因抢救伤者或排除险情而变动了现场。

（2）保护不善　现场的痕迹被过往车辆、行人或围观群众破坏。

（3）自然破坏　因风吹、雨淋、雪盖、水冲、日晒等自然条件而变动了现场。

（4）快速处理　因一些交通主要干道、繁华地段发生道路交通事故后，造成交通堵塞，需立即排除而变动了现场。

（5）特殊情况　执行任务的消防、救护、警备、工程救险车及首长、外宾、使节乘坐的汽车在事故发生后，因任务需要驶离现场。

5-326 交通事故责任认定的主要依据是怎样的？

（1）负全部责任的情形

1）完全是因为一方当事人的过错行为而导致的交通事故。

2）当事人有逃逸行为致使无法认定交通事故责任的。

3）当事人有故意破坏、伪造现场、毁灭证据行为致使无法认定交通事故责任的。

4）一方当事人故意造成交通事故的，肇事方负事故全部责任。

（2）负主要责任和次要责任的情形

1）由两方当事人的违法行为共同造成交通事故的，违法行为在交通事故中作用大的一方负主要责任，另一方负次要责任。

2）由三方以上当事人的违法行为造成的交通事故，按各自违法行为在交通事故中的作用大小划分责任。

（3）负同等责任的情形

由两方或两方以上当事人的过错造成的交通事故，其各方的违法行为在交通事故中的作用相当的，负同等责任。

（4）无责任的主要情形

1）交通事故是由一方当事人的交通违法行为所导致的，另一方无责任。

2）一方当事人故意造成的交通事故，另一方无责任。

3）非机动车或行人与静止车辆发生的事故，机动车一方无责任。

4）各方均无导致交通事故的过错，属于交通意外事故的，各方均无责任。

5-327 交通事故现场遭到破坏时怎样认定事故责任？

交通事故现场（图5–11）是能够客观反映交通事故发生前后过程的空间场所，是公安机关交通管理部门正确认定交通事故责任的关键。所以，我国道路交通方面的法律、法规均明确规定了有关人员应当保护现场，不得破坏现场。

图 5–11 交通事故现场

现场遭到破坏的情况，要区分不同的情况进行责任认定。

1）如果现场是一方当事人故意破坏的，则破坏现场的当事人要承担全部责任。

2）如果现场不是被故意破坏的，而是因不小心或其他原因（如由于暴雨等）受到破坏的，则由负有举证责任的一方承担相应的举证责任。

3）机动车之间发生交通事故的，则有过错的一方承担责任；双方都有过错的，按照各自过错的比例分担责任。

4）机动车与非机动车驾驶人、行人之间发生交通事故的，由机动车一方承担责任；但是有证据证明非机动车驾驶人、行人违反道路交通法律、法规的，机动车驾驶人已采取必要处置措施的，可适当减轻机动车一方的责任。

5）交通事故的损失是由非机动车驾驶人、行人故意造成的，机动车一方不承担责任。

由此可见，机动车一方负有较重的举证责任，如果在现场遭到破坏后，不能举出有力的证据予以反驳，就要承担事故的全部责任。

5-328 交通事故与保险事故的区别有哪些?

交通事故与保险事故有着本质的区别。

交通事故是指车辆在道路上因过错或者意外造成人身伤亡或财产损失的事件，交通事故不一定属于意外事故，譬如机动车驾驶人超速驾车伤人属于交通事故但却不属于意外事故，交通事故也不一定能获得保险公司的索赔；而保险事故(图5-12)是指被约定在保险合同中，由保险人负责赔偿的事故。保险事故不包括所有的交通事故或意外事故，只有是属于保险单中约定的“保险事故”时，保险公司才接受客户的索赔。

交通事故与保险事故索赔的环节是不同的，赔偿的主体也是不同的。

图 5-12　保险事故

5-329 现场查勘前要做好哪些准备工作?

检查和准备工作是查勘工作的基础。查勘人员需要养成良好的习惯，良好的习惯是保险查勘定损工作顺利开展的重要因素。同时，为了保障生命安全，查勘人员尤其要重视查勘车辆安全性能的检查。查勘前的准备工作如图5-13所示。

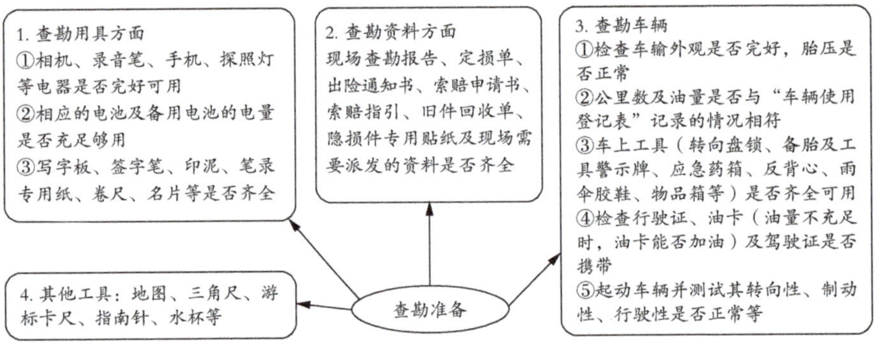

图 5-13　查勘前的准备工作

5-330 保险事故现场有哪些类型? 各是怎样的?

保险事故现场是指保险事故发生并留下后果的具体场地。它包括与该起事故相关的车辆、人、畜及各种痕迹物证所占有的一切空间，它是保险事故调查中最主要的事故信息来源。

(1)原始现场　原始现场是指完全没有被改变或破坏的事故现场(图5-14)。在现场中，车辆、人、畜和一切与事故相关的痕迹、物证均保持事故发生后的原始状态，是一种最可靠的现场类型。原始现场也就是保险理赔流程中所指的“第一现场”。

图 5-14　交通事故原始现场

（2）变动现场　变动现场是指由于某种人为的或自然的原因，致使现场的原始状态发生了改变的交通事故现场，其具体类型见表5-1。

表 5-1　变动现场类型及具体解释

变动现场类型	具体解释
正常变动现场	在自然条件下，非人为地改变了原始状况，或不得已而在不影响查勘结果的前提下人为地、有限度地改变了原始状态的交通事故现场。 ① 由于风吹、雨淋、水冲、雪埋、日晒等自然条件的影响，导致现场痕迹、物证的消失或破坏 ② 由于围观群众及事故当事人的不慎，非有意识地造成了现场状态的改变 ③ 为抢救伤者而移动了车辆、散落物和伤者的位置 ④ 执行任务的消防车、救护车、警备车、工程救险车及首长、外宾、使节乘坐的汽车在事故发生后，因任务需要驶离了现场 ⑤ 一些主要交通干道或城市繁华街区发生道路交通事故后，造成交通堵塞，需立即移动车辆及其他物体 ⑥ 其他正常原因导致的出险现场变化的，如车辆发生事故后，当事人没有发觉而自行驶离现场
伪造现场	当事人为逃避责任、毁灭证据或达到嫁祸于人的目的，有意或唆使他人改变现场遗留物原始状态，或有意布置伪造现场
恢复现场	事故现场因某种原因撤离后，基于事故分析或复查案件的需要，为再现出险现场的全貌，根据现场调查记录资料重新布置恢复的现场。为与前述的原始现场相区别，这种现场一般称为恢复现场
逃逸现场	肇事者为逃避责任，驾车潜逃而导致现场变动，其性质与伪造现场相同

5-331　现场查勘的内容有哪些？

现场查勘是用科学的方法和现代技术手段，对交通事故现场进行实地验证和查实，以求公正、客观、严密地查明事故真实性，并将所得的结果完整、准确地记录下来的工作过程。现场查勘是查明交通事故真相的根本措施；也是分析交通事故的原因和认定事故责任的基本依据；更是准确认定事故责任和保险责任，确定事故损失程度和保险赔偿金额的基础和前提，直接影响到保险合同双方当事人的利益。

现场查勘工作必须由两位以上的查勘人员参加，并尽量查勘第一现场。如果第一现场已经清理，则必须查勘第二现场，调查了解有关情况。现场查勘的主要内容如图5-15所示。

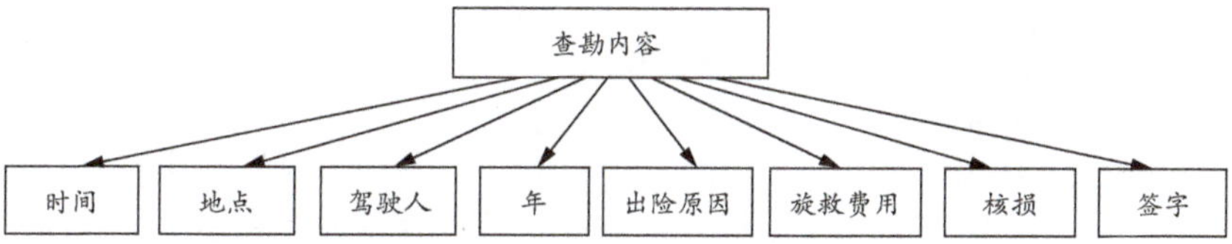

图 5-15　现场查勘的主要内容

5-332　现场查勘的目的有哪些？

现场查勘是证据收集的主要手段，是准确立案、查明原因、认定责任的依据，也是保险赔付、案件诉讼的重要依据。其目的包括定性、定责、定损三项。

（1）定性　定性是指查明事故的真实性。通过客观、细致的现场查勘，判断案件是普通单纯的交通事故，还是为骗保而伪造的事故，即确定事故的真实性。

（2）定责

1）确定标的车在事故中的责任。无交警处理的案件应判明被保险车辆的事故责任比例。通过对现场周围环境、道路条件的查勘，可以了解道路、视距、视野、地形、地物对事故发生的客观影响；对事故经过进行分析调查，查明事故的主要情节和交通违法因素，分清标的车在事故中所负的责任。但有交警处理或指引客户报交警、派出所等执法部门处理的案件（称之为“警检”案件），相关事故责任应以执法部门认定为准。

2）确定事故的保险责任。根据现场的各种痕迹物证，对当事人和证明人的询问和调查，对事故经过进行分析调查，查明事故发生的主要情节，结合保险条款和相关法规，确定事故是否属于保险责任范畴。

（3）定损　确认事故的损失项目并预估损失金额。通过对受损车辆的现场查勘，分析损失形成的原因，确定该起事故中造成的标的车及第三者的损失范围。通过对第三者受损财物的清点统计，确定受损财物的型号、规格、数量以及受损的程度，为核定损失提供基础资料，损失较小者可以现场确定事故损失。

5-333 现场查勘的方法有哪些?

1）沿着车辆行驶路线查勘法。这种方法适用于事故痕迹清楚的现场。

2）从中心（事故车辆）向外查勘法。这种方法适用于现场范围不大，痕迹和物证较集中的现场。

3）从外向中心查勘法。这种方法适用于范围大，痕迹和物证较分散的现场。

4）分片分段查勘法。这种方法适用于范围大、距离长和伪造的现场。

特别提示：

当遇到下列情况时，应通过现场实验进行科学考察。

1）认定痕迹或事故原因有异议时。

2）在关键问题上意见无法统一时。

5-334 车辆定损的要求是怎样的?

定损人员应认真查验受损标的，确定损失部位、损失项目、损失程度，主动与客户以及修理厂协商修复方案，修复方案包括换件项目、检修项目、拆装费用、修理费用和残值处理几个方面。对小额案件，要突出工作效率和服务质量；对大额案件，在加强风险控制的同时，提高服务质量，坚持双人现场拆检，采取先确定项目和修理费用、后报价的方式来提高工作效率。

5-335 定损原则是怎样的?

1）以修为主，以换为辅，坚持能修不换的定损原则。

2）以本次事故为限，严格区分本次事故受损范围。

3）以原厂配置为限，严格区分原厂配置和新增配置。

4）以实际价值为限，坚持按补偿原则核定损失。

5）坚持一次性协商定损为主，修复验车为辅的定损原则。

确定维修费用时，涉及材料费和工时费两项。可以依据所损坏零部件的原始来源，根据保险公司内部报价系统或市场价格，确定零配件的价格；根据修复的难易程度，参照当地工时费水平，确定工时费用。

5-336 定损的方式有哪些?

定损方式分为现场定损、集中定损和分散定损。

（1）现场定损　对符合现场定损条件的（在授权范围以内的），查勘人员应与客户现场协商定损，并双方签字确认。现场定损后，原则上不再追加定损项目和金额，若有异议可引导客户到就近集中定损点定损。

注：适用于在授权范围以内的案件（如损失在1000元以内或换件项目在3件以内）。

（2）集中定损　对不符合现场定损条件或对现场定损有异议的，可直接引导客户到就近集中定损点或业务合作网点进行拆检定损。

注：一般而言，对三年内的新车，则以引导至业务合作网点为主，而对三年以上车辆，则以引导至集中定损点为主。

（3）分散定损　对重要客户、异型车辆、特种车辆或引导集中定损无效的，定损人员应主动与客户协商定损时间和地点，分散定损数量一般不超过定损任务总量的30％。

5-337 定损工作应掌握的原则有哪些?

1）定损核价工作首要原则：积极掌握定损主动权。

2）严格遵照定损核价权限，超出权限范围的应及时上报有关部门或领导，协商处理意见。

3）修理范围仅限于本次事故所造成的车身损失。

4）事故车辆以修复为主，能修复的配件应尽量修复，不能随意更换新的配件。

5）可局部修复的，不可按总成大修计算工时费；可更换单独零件的，不能按更换总成配件计算费用。

6）配件价格必须按市场行情或各保险公司相关规定上报核价，配件费遵循“有价有市”和“报供结合”的原则。

7）管理费、残值要参照当地汽修市场行情和保险同业的标准（或惯例）确定，更换配件的管理费率一般不得超过15%。

8）残值应与被保险人或维修厂协商处理，并从总维修费中扣除，保险人收回的配件残值不再在总维修费中扣除。

5-339 怎样进行修理范围的鉴别?

确定保险责任事故的车辆维修方案时，既要区分车辆的事故损失与机械损失，也要区分车辆的新、旧碰撞损失。

区分事故损失与机械损失：对于车辆损失险，保险公司只承担条款载明的保险责任所导致事故损失的经济赔偿。凡因故意行为、机械故障、轮胎爆裂以及零部件的锈蚀、朽旧、老化、变形、断裂等所造成的损失，不负赔偿责任。若因这些原因而构成碰撞、倾覆、爆炸等保险责任的，对直接的事故损失部分可予负责，但对非事故损失部分不予负责。

区分新、旧碰撞损失：属于本次事故碰撞的部位，一般会有脱落的漆皮和新的金属刮痕；非本次事故的碰撞处往往会有油污和锈迹。之所以要界定新、旧碰撞损失，是因为有个别车主，将以往发生的小事故，或者已经与事故责任方“私了”的事故车，到保险公司定损、估价、获得赔偿后，并不去修复，与本次事故一并报案求偿，这样就会造成重复定损。

5-338 定损的基本步骤是怎样的?

1）弄清车辆事故的起源点，以确定因肇事部位的撞击、振动可能会引起哪些部位的损伤（图5-16）。

2）确定事故车辆的维修方案，并据此对损坏的零部件由表及里进行登记，且依据修复、更换的类别进行分类。鉴定、登记时可以按以下顺序进行：由前到后，由左到右，先登记外附件（即钣金覆盖件，外装饰件），再按车身、发动机、底盘、电器等顺序进行分类登记。

3）根据已确定的维修方案及修复难易程度确定工时费用。

4）根据所确定的更换零件以及所掌握的汽车配件价格确定材料费用。

5）定损时被保险人、第三者、修理厂、保险公司等各方均应在场。在明确修理范围及项目、确定所需费用、签订“事故车辆估损单”协议后方可让事故车进厂修理。

图 5-16 车辆定损

5-340 定损工作要明确区分哪几个界限?

1）应注意本次事故造成的损失和非本次事故造成的损失的界限。区分时一般根据事故部位的痕迹进行判断。本次事故的碰撞部位，一般有脱落的漆皮和新的金属刮痕；而非本次事故的碰撞部位，一般有油污和锈蚀。

2）应注意事故损失和机械损失的界限。保险人只赔偿条款载明的保险责任所导致的事故损失。因制动失灵、机械故障、爆胎以及零部件的锈蚀、老化、变形、发裂等造成的汽车本身损失不应负责赔偿。但因这些原因造成的保险事故，可赔偿事故损失部分，非事故损失部分不予赔偿。

3）应注意汽车保险事故损失和因产品质量或维修质量问题而引发事故损失的界限。若由产品质量或维修质量引发的车辆损毁，应由生产厂家、配件供应厂家、汽车销售公司或汽车修理厂家负责赔偿。汽车质量是否合格，保险人不好确定，若对汽车产品质量问题有所怀疑，可委托机动车辆的司法鉴定部门进行鉴定。

4）应注意过失行为引发事故损失与故意行为引发事故的界限。过失行为引发的事故损失属于保险责任，故意行为引发的事故损失属于责任免除。

5-341 定损时怎样处理好与汽车维修厂的关系？

作为汽车维修厂，考虑到自身的经济效益，自然希望事故车辆的维修定价越高越好；个别保户也会希望从估价中得到一些间接损失方面的弥补。因此，他们希望高定价是一种正常的心态。定损人员应该这样去应对：

1）初步拟定事故车辆修理方案，对工时费部分，实行招标包干。一般说来，大事故往往需要分解检查后，才可能拿出准确的定损价格。此时，不宜先分解、后定价，而应先与修理厂谈妥修理工时的总费用，再对事故车辆进行分解。若盲目分解，一旦在工时费用方面与修理厂无法达成一致，则会给后期的变更修理厂等工作带来很大的被动。

2）在与修理厂谈判工时费时，可以采用总体包干法、分项包干法（即对机修、钣金与烤漆、拆装、辅助等四项作业内容分别进行工时费包干）、逐件核定法、维修作业量测算法、重置成本比例法、本地同类维修企业比较法等方法。做到逐项解释，有理有据，以理服人。

5-342 在确定更换零配件时怎样处理好与保户的关系？

大多数保户在车辆出险后，对于损坏了的零部件（特别是钣金件、塑料件等），不论损坏程度轻重，能否达到更换程度，都希望给予更换。这既不符合事故车辆的维修原则，也容易助长以后定损时的无理要求，可以这样去说服保户。

性能无碍——说明损坏的零部件在车辆结构上所起的作用以及修复后对汽车原有性能及外观没有影响。

避重就轻——对配件价值较大，可换可不换的，说服不换；对配件价值较小，考虑照顾保户情绪，同意更换。

原件价低——根据车辆出险前的实际情况，如果所损坏的件原本属于副厂件，不能更换正厂件，原本属于国产件，不能更换进口件。

坚持原则——对私家车及出租车须坚持原则，达不到更换标准的一概不换。

5-343 对重大事故及特殊车型的定损有什么技巧？

对于重大事故，为避免道德风险，应尽可能推荐车主到4S店去维修。以避免在分解过程中弄虚作假以及有意扩大损坏部位、加大损坏程度现象的发生。如果车主坚持自选修理厂，则可在工时费包干的前提下，由定损人员现场监督分解，并尽快确定更换项目。

对于特殊车型、配件紧缺的车辆，可在确定更换配件项目的前提下，先安排其他项目的维修，避免因配件价格无法确定而延迟修理时间。在车辆修复的同时，积极联系采购配件。对部分无法买到的紧缺零件，可在当地加工制作。

5-344 车辆定损时要核对车辆的哪些相关信息？

核对出险车辆的厂牌，型号、VIN码（图5-17、图5-18）、牌照号、车架号（要求拓印/拍摄车驾号）、发动机号、吨位或座位等是否同行驶证、保险单上的内容完全一致。对于以临时牌照投保的车辆，要检核临时牌照的有效期限和规定的行驶路线。

图 5-17　VIN 码

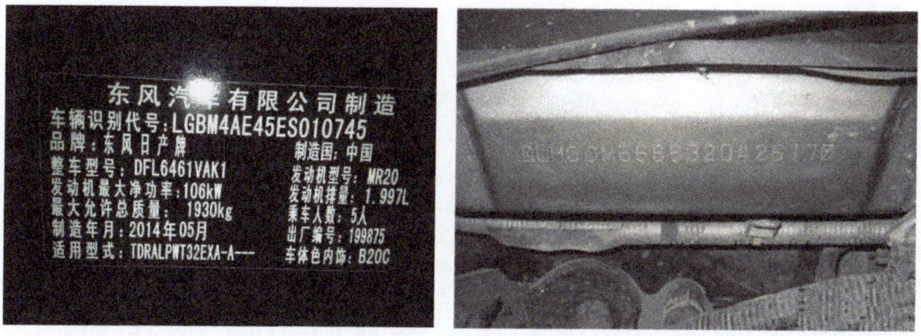

图 5-18　VIN 号的不同位置

5-345 车辆定损时怎样拍摄车辆损失照片?

（1）第一幅：事故车辆的外观照　要求反映受损车辆的受损部位、完好部位和标的号牌，以便判断事故车辆受损程度。拍摄方法：面对损失最为严重部位呈45° 角全车外观照（图5-19）。

图 5-19　事故车辆的外观照

（2）第二幅：事故车辆损失部位照　要求反映受损部位的整体状况和碰撞点（接触点），便于直观判断损坏程度（图5-20）。拍摄方法：先整体后局部、由里及外。

图 5-20　事故车辆损失部位照

（3）第三幅：事故车辆损失部位照　要求反映受损部位的局部状况，为修换标准提供技术支持。拍摄要求：采取局部放大方式拍照（图5-21）。

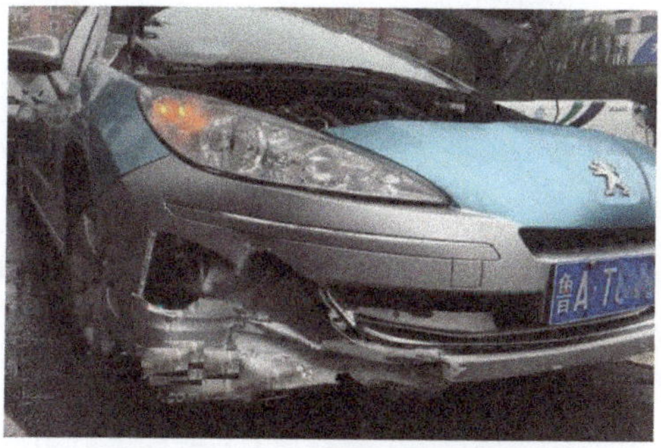

图 5-21　事故车辆损失部位照

注意：照片的具体数量要根据事故损失程度确定，但原则上，照片的顺序要按以上要求上传，3万元以上事故车辆照片一般应配以文字标注。

5-346 弯曲变形的特点和修复方法是怎样的?

（1）弯曲变形的特点

1）损伤部位与非损伤部位的过渡平滑、连续。

2）通过拉拔矫正可使它恢复到事故前的形状，而不会留下永久性的变形。

（2）弯曲变形的修复方法

先对车身结构的整体变形和钣金件上间接损伤进行拉拔、矫正，然后对钣金件表面，特别是直接损伤的撞击点进行整平作业。即使撞损不是很严重，车身没有整体变形，也要先修理间接损伤，再修理直接损伤部位。如果间接损伤中有挤缩变形（隆起或卷曲变形），应先进行拉拔使之展开，然后在折曲部位进行整平作业，并在弹性变形恢复后，再对直接损伤的撞击点进行整平处理。图5-22为某轿车车身钢板的弯曲变形。

图 5-22 车辆刮蹭导致车身钢板的弯曲变形

5-347 折曲变形的特点和修复方法是怎样的?

（1）折曲变形的特点

1）折曲变形剧烈，曲率半径很小，通常在很短的长度上弯曲90° 以上。

2）矫正后，零件上仍有明显的裂纹和开裂，或者出现永久变形带，不经高温加热处理不能恢复到事故前的形状。

（2）折曲变形的更换原则

1）如果损伤发生在平面内，则矫正工作可能比棱角处的严重起皱和折曲容易得多，一般而言，在轮廓分明的棱角处的折曲变形，只能采取更换的方法，如发动机盖折曲（图5-23）。

图 5-23 发动机盖折曲

2）如果损伤部位处于纵梁的端部附近，而且压偏区并未受到影响或变形的影响范围不大，通过拉拔即可矫正的（如图5-24所示），则必须修复；如果压偏区已出现折曲，并将碰撞力传递到后部，造成后部也变形（图5-25），则必须予以更换。

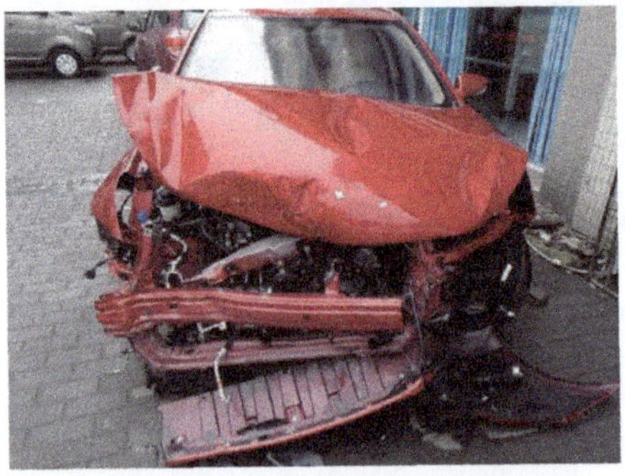

图 5-24 前纵梁附近的折曲变形

3）如果损伤位置在发动机或转向器位置附近，重复性载荷会造成疲劳破坏（重复振动力或应力会加重并产生二次变形），这些安装位置发生折曲变形后，则必须更换。

4）由于严重冷作硬化而造成的严重折叠起皱变形，则必须更换（图5-26）。

5）如果只有一个未曾完全修复的轻微折曲变形，其解决方法就不同于在大面积上有多个折曲变形的解决方法，应采取挖补法修复。

6）如果已经更换某个配件部分，客户强烈要求再更换一些相邻部分的配件，在比较容易、费用也不大的情况下，允许予以更换。

7）在将变形部分周围均矫正到适当尺寸，剩下折曲变形部分确实无法矫正好，而且这部分形状复杂，无法采用挖补法修复时，则该部件应予以更换。

图 5-25 轿车纵梁附近的折曲变形

图 5-26 货车车门严重折叠起皱变形

图 5-27 保险杠撕裂

5-348 保险杠的修换原则是怎样的？

保险杠规则撕裂总长度达30cm以上（图5-27），不规则撕裂总长度达20cm以上，部分缺失面积或刺穿面积达25cm^{2}以上的（图5-28），可以考虑更换。

严重扭曲变形、变形面积超过50％的，可以考虑更换；50％以上保险杠固定支架（插口）完全断裂的，可以考虑更换，但只有少数支架完全断裂、其他支架部分断裂时，应进行修复。

图 5-28 保险杠缺失

5-349 定损工作流程是怎样的？

定损工作流程图，如图5-29所示。

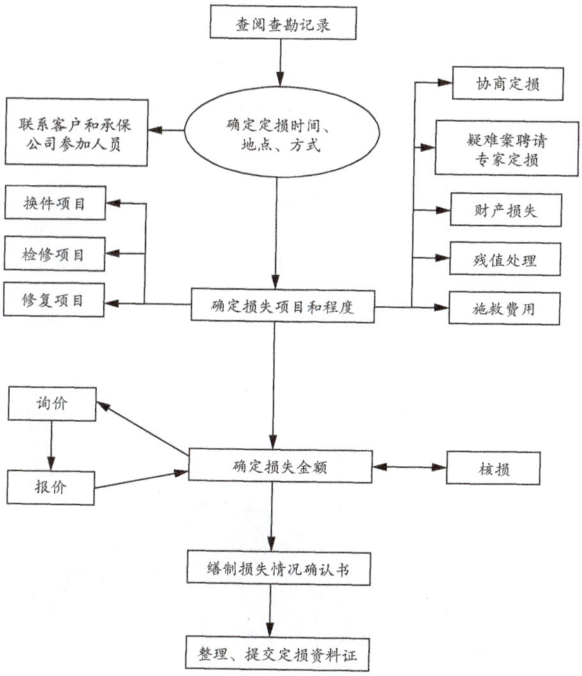

图 5-29 定损工作流程图

5-350 定损前要做哪些准备工作？

定损前要做一些准备工作，具体如图5-30所示。

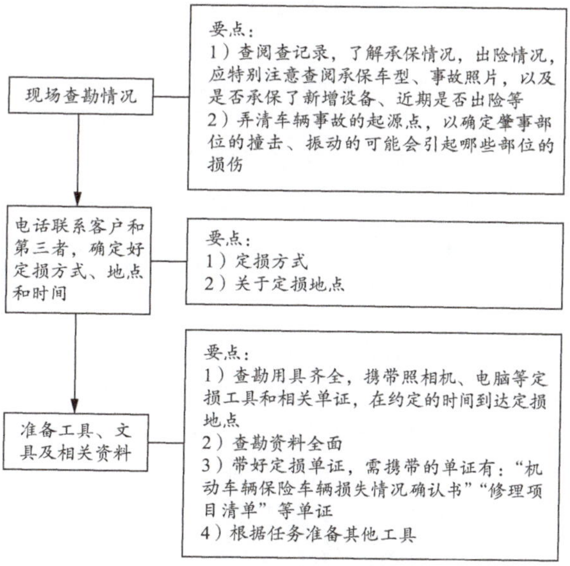

图 5-30 定损前准备工作的内容

第二节 人伤案件的查勘

5-351 什么是施救费用?

施救费用是指当保险标的遭遇保险责任范围内的灾害事故时，被保险人或其代理人、雇佣人员等为防止损失的扩大，采取措施抢救保险标的而支出的必要、合理的费用。必要、合理的费用是指施救行为支出的费用是直接的、必要的，并符合国家有关政策规定。

5-353 车辆出现事故的人伤案件包括哪些类型?

按伤者受伤程度，可把人伤案件分为不同的种类，具体见表5-2。

表 5-2 人伤案件的种类

人伤案件种类	具体条件
轻伤	指伤势轻微，不需要住院治疗，治疗费用在2000元以内的案件
中度伤害	指需要住院治疗，住院时间般为一周以内，治疗费用在2000元以上10000元以下的案件
重度伤害	伤势较重，有骨折（非粉碎性的）或有脑、内脏、复合性损伤，住院在3周左右，治疗费用在30000元以内的案件
特重伤害	指有多发性复合性外伤，有中、重度昏迷，重度颅脑损伤，造成伤残或人员死亡的，住院时间在3周以上，治疗费用在30000元以上的案件

5-354 人伤门诊案件损失确认流程是怎样的?

在了解事故原因及第三者受伤人数、年龄、性别、受伤部位和伤情后，应告知客户在索赔时必须提供伤者的身份证复印件、门诊病历、费用清单、发票、诊断证明书、CT报告及被保险人的相关索赔资料；同时应强调人伤案件涉及交强险，必须提供交警出具的《责任认定书》以明确事故责任后才可以索赔；涉及赔偿误工费的，需提供医院的休假证明、受伤前三个月的工资证明以及收入减少证明；应告知被保险人自费药、营养针之类的费用是不予理赔的，保险公司只能赔付医保范围内的药品。

5-352 常见施救费用包括哪些?

1）被保险人使用他人（非专业消防单位）的消防设备，施救保险车辆所消耗的费用及设备损失可以赔偿。

2）保险车辆出险后，雇用吊车（图5-31）和其他车辆进行抢救的费用，以及将出险车辆拖运到修理厂的运输费用，在当地物价部门颁布的收费标准内负责赔偿。

3）在抢救过程中，因抢救而损坏他人的财产，如果应由被保险人承担赔偿责任的，可酌情予以赔偿。但在抢救时，抢救人员个人物品的丢失，不予赔偿。

4）抢救车辆在拖运受损保险车辆途中发生意外事故造成的损失和费用支出，如果车辆是被保险人自己或他人义务来抢救的，应予赔偿；如果该抢救车辆是有偿服务的，则不予赔偿。

5）保险车辆出险后，被保险人赶赴肇事现场处理所支出的费用，不予负责。

6）保险车辆为进口车或特种车，发生保险责任范围的事故后，当地确实不能修理，经保险公司同意去外地修理的移送费，可予负责，并在定损单上注明送修地点和金额。但护送车辆者的工资和差旅费，不予负责。

图 5-31 车辆出险雇用吊车

5-355 人伤住院案件损失确认流程是怎样的?

应在被保险人那里了解事故过程、伤亡人数，以及伤者姓名、年龄、性别、从事职业、户籍情况、受伤部位和伤情、所住医院名称、科室名称和床位号。到医院查勘人伤时，应按如下顺序拍照：医院名称、病房号、病床号、床头卡、伤者全身照、受伤部位照（遵循从头、躯干、上肢、下肢顺序拍照）。备齐事故处理相关资料，比如医疗费用清单、输液卡、身份证、事故责任认定书等。

伤者的照片应能清楚显示其受伤部位及伤情，如有敷料包扎者不需要打开敷料。告知客户在索赔时必须提供伤者的身份证复印件、住院病历复印件、诊断证明书、结账费用清单、发票、CT报告及被保险人的相关索赔资料；同时强调人伤案件涉及交强险，必须提供交警出具的《责任认定书》以明确事故责任后才可以索赔；涉及赔偿误工费的，需提供医院开具的休假证明、受伤前三个月的工资证明以及收入减少证明；应告知被保险人自费药、营养针之类的费用是不予理赔的，保险公司只能赔付医保范围内的药品。

5-356 核损的工作流程是怎样的?

核损是指由核损人员对保险事故中涉及的车辆损失和其他财产损失的定损情况进行复核的过程，包括事中、事后核损和远程同步核损。核损的目的是提高定损质量，保证定损的准确性、标准性和统一性。核损工作的流程如图5-32所示。

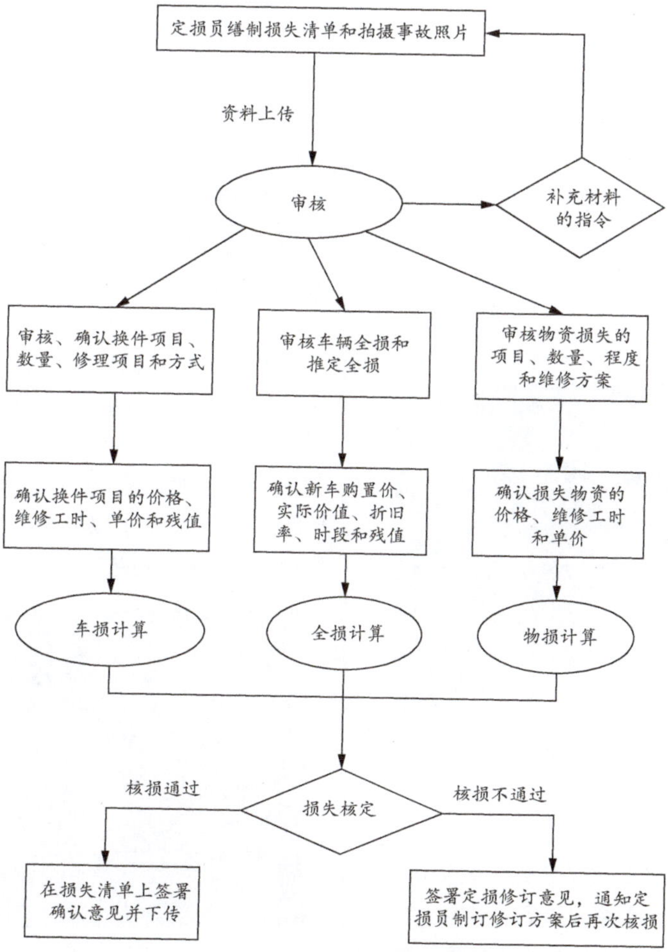

图 5-32 核损工作流程图

第三节 火灾的查勘与定损

5-357 汽车起火的类型有哪些?

汽车起火尽管原因复杂，但就其实质而言，不外乎火源（着火点）、可燃物、氧气（或空气）这三大因素。围绕这几点，结合汽车结构，基本可以分析出汽车起火的真实原因。

（1）自燃

根据保险条款的解释，所谓自燃，是指机动车在没有外界火源的情况下，由于本车电器、线路、供油系统等车辆自身原因发生故障或所载货物自身原因起火燃烧的现象。

（2）引燃

引燃是指机动车在停放或者行驶过程中，因为外部物体起火燃烧，使车体乃至全车被火引着，导致部分或全面燃烧。

（3）碰撞起火

碰撞起火是指机动车在行驶过程中，因为发生意外事故而与固定物体或者移动物体相碰撞，假如机动车采用汽油发动机，碰撞程度又较为严重，引起部分机件的位移，挤裂了汽油管，喷射而出的汽油，遇到了运转着的发动机所发出的电火花，就会导致起火燃烧；或者位移的机件导致线束的短路，也有可能引发线束燃烧起火，从而引燃整个汽车（图5-33）。

图 5-33　汽车碰撞起火

（4）机械故障导致起火

由于汽车上有许多高速运转的机件（如轴承），还有会在工作过程中不断产生摩擦热量的机件（如制动蹄片、轮胎），假如这些机件发生故障导致无法分离或者损坏，那么就会产生大量的摩擦热量，从而导致起火。

（5）经停不当导致汽车起火

如果汽车正常行驶或停车，不可能引起外界物体的起火。但假如停在了干草之上，或者在行驶时传动轴上被缠绕进去了易燃物品，那么炽热的排气管就完全有可能引燃易燃物，从而导致整个汽车的起火。

（6）爆炸

爆炸起火就是因为车内、车外的爆炸物起爆所引发的机动车起火燃烧。包括车内安置的爆炸物爆炸引爆，车外爆炸物爆炸引爆，车内放置的打火机、香水、摩丝等被晒爆引爆，车载易爆物爆炸引爆等多种形式。

（7）雷击起火

雷击起火就是机动车在雷雨天气被雷击中而起火燃烧的现象。

5-358 汽车自燃的原因有哪些?

在汽车起火原因的分析中，碰撞、引燃、爆炸、雷击等不难识别，理赔处理也基本包含在了车损险的范围之内。但是，自燃的理赔属于单独列出，其识别也存在着一定的难度。

据消防部门和车险理赔专家统计分析，汽车自燃（图5-34）存在着“五多”现象：小轿车多，私家车多，行驶状态发生火灾者多（约占70%），使用5年（或10万千米）以上者多（约占70%）和火灾原因以漏油和导线短路居多（占60％以上）。

图 5-34　汽车自燃

5-359 车辆漏油为何会引发汽车自燃？

油箱中泄漏出来的汽油是汽车上最可怕的助燃物。漏油点大多集中在管件接头处。无论是行进还是停驶，汽车上都可能存在火源，如点火系统产生的高压电火花、蓄电池外部短路时产生的高温电弧、排气管排出的高温废气或喷出的积炭火星等，当泄漏的燃油遇到火花，就会造成起火。

例如，长途大客车发生的自燃事故居高不下。这是因为在运行了10多万km后，汽车很容易出现高压线漏电现象，瞬间电压可达10000V以上，足以引燃一定浓度的汽油蒸气。而长途大客车一直都是在高速运转，检修时间很少甚至没有。

5-360 车辆漏电为何会引发汽车自燃？

发动机工作时，点火线圈自身温度很高，有可能使高压线绝缘层软化、老化、龟裂，导致高压漏电。另外，高压线脱落引起跳火也是高压漏电的一种表现形式。由于高压漏电是对准某一特定部位持续进行的，必然引发漏电处温度升高，引燃泄漏的汽油。

低压线路搭铁是引发汽车自燃事故的另一主要原因。由于搭铁处会产生大量热能，如果与易燃物接触，会导致自燃。

造成低压线搭铁的原因有：导线老化；导线断路直接搭铁；触电式控制开关因触点烧结而发生熔焊，使导线长时间通电而过载。某些私家车用户对刚刚购置的车疼爱有加，会添加防盗器、换装高档音响、增加通信设备、开设电动天窗、添加空调等，如果因为价格等原因未在专业化的汽车维修店改装，未对整车线路布置进行分析及功率复核，难免导致个别线路用电负荷加大；在对整车进行线路维修或加接控制元件时，如果在导线易松动处未进行有效固定，有可能使导线绝缘层磨损。

5-361 汽车超载会引发车辆自燃吗？

汽车超载，会导致三种可能：第一，超载车辆载重量大，制动时车轮与地面间摩擦力过大，会造成轮胎燃烧，进而引燃车上货物（图5-35）。第二，发动机处于过度疲劳和过热状态，一旦超过疲劳极限，就有可能发生自燃；第三，车载货物较多，相互间的摩擦作用较大，货物间若捆扎不牢，有可能摩擦起火；第四，弯曲的钢板弹簧有可能与货箱相接触，导致摩擦起火。

图 5–35　超载引起的自燃

5-362 火险查勘的基本要求是怎样的？

在查勘汽车火险现场，分析起火原因时，需掌握构成燃烧的三大基本要素：

1）导致汽车起火的火源（火花或电火花）在哪儿？

2）周围是否存在易燃物品（如汽油、柴油、润滑油、易燃物等）？

3）火源与易燃物品的接触渠道中是否有足够的空气可供燃烧？

只要牢牢把握以上三点，再通过查勘车身不同位置的烧损程度，首先找出起火点位置，再分析起火原因，判断出汽车起火的自燃、引燃属性，就可以为下一步的准确理赔奠定基础。

第四节 水灾的查勘与定损

5-363 怎样做好水灾的理赔工作?

从大量的水灾案例实践中分析得出，做好汽车水灾理赔工作必须从以下几个方面入手：第一，迅速、快捷到达出险现场，认真、细致进行现场查勘；第二，详细了解汽车在水中浸泡时间的长短；第三，区分车型，对不同受损程度的标的车进行抽样，评定损失；第四，对同一地区、同一车型、相似受损程度的标的车制定相对一致的损失评定标准。

5-365 汽车进水熄火后怎样正确拖车?

施救水淹车时，一般应采用硬牵引方式拖车（图5-37），或将汽车前轮托起后牵引，不要采用软牵引方式。如果采用软牵引方式拖车，一旦前车减速，被拖汽车只有选择挂挡、利用发动机内部的阻力来牵阻减速。这就会导致被拖汽车发动机的转动，最终导致发动机损坏。如能将前轮托起后牵引，可避免因误挂挡而引起的发动机损坏。另外，拖车时一定要将变速器置于空挡，以免车轮转动时反拖发动机运转，导致活塞、连杆、气缸等的损坏。对于采用自动变速器的汽车，不能长距离拖拽（通常不宜超过20~30km），以免损伤变速器。在将整车拖出水域后，尽快把蓄电池负极线拆下，以免各种电器因进水而短路。

图 5-37 牵引暴雨中的车辆

5-364 汽车进水熄火后可以再次起动吗?

汽车进水熄火后，驾驶人绝对不能抱着侥幸心理贸然起动，否则会造成发动机进水，导致损坏。汽车被水淹的程度较重时，驾驶人最好马上熄火，及时拨打保险公司的报案电话，或者同时拨打救援电话，等待施救。

实践证明，暴雨中受损的汽车（图5-36），大多数是因为汽车在水中熄火后，驾驶人再次起动而造成发动机损坏的。据统计，大约有90％的驾驶人，当发现自己的汽车在水中熄火后，会再次起动，这是导致发动机损失扩大的主要原因。

图 5-36 暴雨中烽火车辆

5-366 水淹车辆拖出后怎样进行正确处理?

在将受淹汽车拖出水域后，应及时告知车主和承修厂商，下列措施是被保险人应尽的施救义务（最好印制格式化的告知书），交被保险人或当事人签收，以最大限度防止损失扩大：容易受损的电器（如：各类电脑模块、音响、仪表、继电器、电动机、开关、电器设备等）应尽快从车上卸下，进行排水清洁，电子元件用无水酒精清洗（不要长时间用无水酒精清洗以免腐蚀电子元件）晾干，避免因进水引起电器短路。某些价值昂贵的电器设备，如果清洗晾干及时，完全可以避免损失；如果清洗晾干不及时，就有可能导致报废。

5-367 车辆水淹的高度怎样进行定性?

水对汽车的淹没高度是确定水损程度非常重要的一个参数。一般说来，针对不同的车型，“水淹高度”通常不以具体的高度值作为计量单位，而是以汽车上某个重要的位置作为参数，轿车的水淹高度可分为6级，如图5-38所示，每一级的损失程度各不相同，相互之间差异较大。具体内容将在后面损失评估时再进行定性和定量分析。

说明：1为制动盘和制动毂下沿以上，车身地板以下，乘员舱未进水；2为车身地板以上，乘员舱进水，而水面在驾驶人座椅垫以下；3为乘员舱进水，水面在驾驶人座椅垫面以上，仪表工作台以下；4为乘员舱进水，仪表工作台中部；5为乘员舱进水，仪表工作台面以上，顶篷以下；6为水面超过车顶，汽车被淹没顶部。

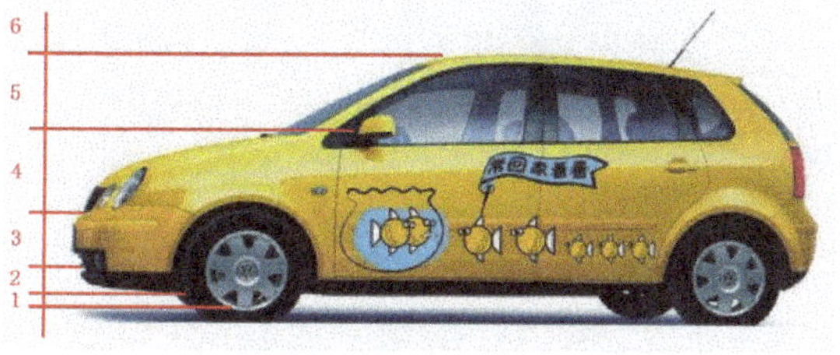

图 5-38 轿车高度示意图

5-368 水淹时间的长短怎样进行定性?

汽车被水淹时间的长短，是评价水淹损失程度的另外一个重要参数。水淹时间长短对汽车所造成的损伤差异很大。现场查勘时，在第一时间通过询问来确定水淹时间是一项重要的工作。水淹时间的计量单位一般以小时（h）为单位，通常分为6级，见表5-3。

表 5-3 水淹时间（t）与水淹级别对应表

水淹级别	水淹时间/h	水淹级别	水淹时间/h
1	$t \leqslant 1$	4	$12 < t \leqslant 24$
2	$1 < t \leqslant 4$	5	$24 < t \leqslant 48$
3	$4 < t \leqslant 12$	6	$t > 48$

每一级所对应的损失程度差异较大，在后面损失评估时将进行定性和定量分析。

5-370 水淹汽车动态进水损坏有哪些特点?

汽车行驶过程中，发动机气缸因吸入水而熄火，或在强行涉水未果、发动机熄火后被水淹没（图5-40）。动态条件下，由于发动机仍在运转，气缸内因吸入了水会迫使发动机熄火。在这种情况下，除了静态条件下可能造成的全部损失外，还有可能导致发动机直接损坏。

5-369 水淹汽车静态进水损坏有哪些特点?

汽车在停放过程中被暴雨或洪水侵入甚至淹没，属于静态进水，图5-39所示为停车场被淹图，属于典型的静态进水。

汽车在静态条件下进水，会造成内饰、电路、空气滤清器、排气管等部位受损，有时气缸也会进水。在这种情况下，即使发动机不起动，也可能造成内饰浸水、电路短路、电脑芯片损坏、空气滤清器、排气管和发动机泡水生锈等；对于采用电喷发动机的汽车来说，一旦电路遇水，极有可能导致线路短路，造成无法着火；如果强行起动发动机，极有可能导致严重损坏。就机械部分而言，汽车被水泡过之后，进入发动机的水分在高温作用下，会使内部运动机件锈蚀加剧，当进气行程吸水过多时，容易造成连杆变形，严重时导致发动机报废。

汽车进水后，内饰容易发霉、变质。如不及时清理，天气炎热时，会出现各种异味。

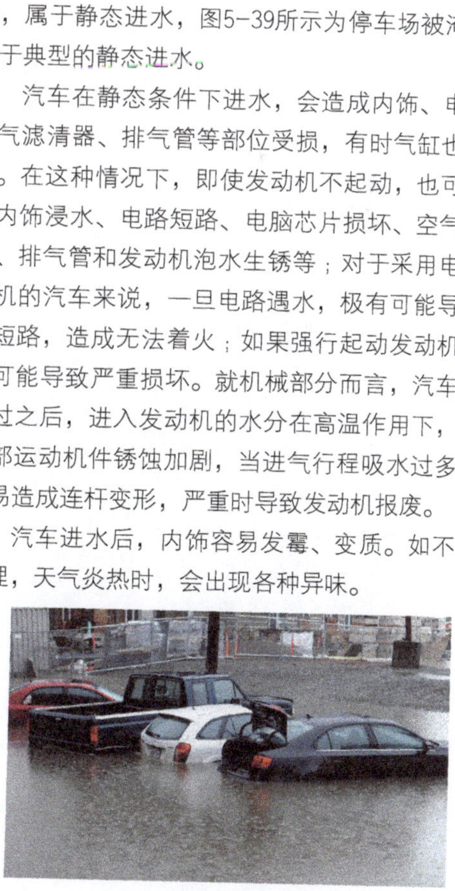

图 5-39 汽车静态进水

图 5–40 倒车时不慎落水的汽车

5-371 汽车水险的理赔有哪些类型?

从保险公司的业务划分看，因暴雨造成的汽车损失，主要分5种：

1）由于暴雨淹及车身而进水，导致金属零部件生锈、电子电器件及内饰损坏。

2）发动机进水后，驾驶人未经排水处理，甚至直接就在水中起动发动机，导致内部机件损坏。

3）水中漂游物或其他原因对车身、玻璃等发生擦撞、碰伤等损失，或因其他相关原因造成汽车损失。

4）落水后，为抢救汽车，或者为了将受损汽车拖到修理厂而支付的施救、拖车等费用。

5）汽车被水冲失所造成的全车损失。

5-372 汽车不同的水淹高度可能会造成哪些损失?

汽车不同的水淹高度的特征及可能造成的损失如表5–4所示。

表 5–4 汽车不同的水淹高度的特征及可能造成的损失

水淹高度	特征	可能造成的损失	损失率
1	水淹高度在制动盘和制动毂下沿以上，车身地板以下，乘员舱未进水	制动盘和制动毂。损坏形式主要是生锈，生锈的程度主要取决于水淹时间的长短以及水质。通常情况下，无论制动盘和制动毂的生锈程度如何，所采取的补救措施主要是四轮的保养	约为0.1%
2	水淹高度在地板以上，乘员舱进水，但水面在驾驶人座椅垫以下	四轮轴承进水；全车悬架下部连接处因进水而生锈；配有ABS的汽车轮速传感器磁通量传感失准；地板进水后，如果车身地板防腐层和油漆层本身有损伤就会造成锈蚀	0.5%~2.5%
3	水淹高度在驾驶人座椅垫面以上，仪表工作台以下	座椅、部分内饰潮湿和污染；真皮座椅、真皮内饰损伤严重，若水淹时间超过24h，还会造成：桃木内饰板分层开裂；车门电动机进水；变速器、主减速器及差速器可能进水；部分控制模块、起动机、中高档车行李舱中CD换片机、音响被水淹	1.0%~5.0%
4	水淹高度在仪表工作台中部	发动机进水；仪表板中部音响控制设备、CD机、空调控制面板受损；蓄电池放电、进水；大部分座椅及内饰被水淹；音响的喇叭全损；各种继电器、熔丝盒可能进水；所有控制模块被水淹	3.0%~15.0%
5	乘员舱进水，水淹高度在仪表工作台面以上，顶篷以下	全部电器装置被水泡；发动机严重进水；离合器、变速器、后桥也可能进水；绝大部分内饰被泡；车架大部分被泡	10.0%~30.0%
6	水淹高度超过车顶，汽车被淹没顶部	汽车所有零部件都受到损失	25.0%~60.0%

5-373 水灾损失现场查勘报告包括哪些内容?

事先准备格式化的现场查勘报告，这是查勘定损人员实施快捷、准确查勘的前提。表5–5为汽车水灾损失的现场查勘报告单。

表 5-5 汽车水灾损失现场查勘报告

标的车辆情况	车牌号码：	车架号码（VIN）：	
	车辆类型：	厂牌型号：	初次登记年月：
	行驶证车主：	驱动形式：□前驱 □后驱 □四驱	行驶里程：
	出险时车辆状态： □静止 □运动 □其他（ ）		
	发动机种类：□汽油 □化油器 □电喷 □单点喷射 □多点喷射 □柴油 □非增压 □增压		变速器类型：□手动□自动□手自一体 □CVT
	电控动力转向（EPS）：□有□无	防抱死装置（ABS）：□有□无	驱动防滑（ASR）：□有□无
	电控悬架（TEMS）：□有□无	安全气囊：□无□有单气囊双气囊多气囊	
	倒车镜种类：□电动□手动	电动座椅：□是□否	真皮座椅：□是□否
	内饰：□真皮□桃木□CD□DVD□GPS□车载电话	油漆种类：	是否受损：□是□否
水质情况：□洗水□淡水□泥水□污水□油水			
水浸高度	1□级制动盘和制动毂下沿以上，车身地板以下，乘员舱未进水		
	2□级车身地板以上，乘员舱进水，而水面在驾驶人座椅垫以下		
	3□级乘员舱进水，而水面在驾驶人座椅垫面以上，仪表工作台以下		
	4□级乘员舱进水，仪表工作台中部		
	5□级乘员舱进水，仪表工作台面以上，顶篷以下		
	6□级水面超过车顶		
	其他（ ）		
水淹时间：□t≤1h □1h<t≤4h □4h<t≤12h □12h<t≤24h □24h<t≤48h □t>48h			
查勘时间	（1） 是否第一现场：	（2）	（3）
查勘地点	（1）	（2）	（3）
出险时间：	保险期限：	出险地点：	
出险原因：□暴雨 □洪水 □其他（ ）			
事故涉及险种：□车辆损失险 □第三者责任险 □附加险（ ）			
事故经过：			
施救情况：			
备注说明：			

被保险人签字：　　　　　　　　查勘人签字：

年　月　日　　　　　　　　　　年　月　日

第五节 财产损失定损

5-374 怎样确定财产损失的数量和金额？

图 5-41　导致普通公路路产损失的车祸现场

（1）确定物损数量

交通事故中常见的财产损失有普通公路路产（图5-41）、高速公路路产（图5-42）、供电通信设施、城市与道路绿化等。

相关财产的品名和数量可参照当地物价部门列明的常见品名和配套数量。受损财物的数量确定还必须注意其计算方法的科学性、合理性。

图 5-42　导致高速公路路产损失的车祸现场

（2）损失金额的确定

1）简单财产损失应会同被保险人一起根据财产价值和损失程度确定损失金额，必要时请生产厂家进行鉴定。

2）对受损财产技术性强、定损价格较高、难度较大的物品，如较难掌握赔偿标准时，可聘请技术监督部门或专业维修部门鉴定，严禁盲目定价。

3）对于出险时市场已不销售的财产，可按客户原始购置发票数额为依据，客户不能提供发票的，可根据原产品的主要功能和特性，按照当前市场上同类型产品推算确定。

4）根据车险条款规定，损失残值应协商折价折归被保险人，并由被保险人进行处理。

5）定损金额以出险时保险财产的实际价值为限。

5-375　常见第三者财产损失的定损方法是怎样的？

1）市政和道路交通设施：如广告牌、电灯杆、防护栏（图5-43）、隔离桩、绿化树等，在定损中按损坏物产的制作费用及当地市政、路政、交管部门的赔偿标准核定；但应注意该类财产损失的特点，即市政部门和道路维护部门对肇事者索要的赔偿往往有处罚性质及间接损失的赔偿。因此，在定损核损过程中，理赔人员应区分第三者索赔中哪些为直接损失，哪些属于间接费用，哪些属于罚款性质。

图 5-43　交通事故致护栏损坏

2）房屋建筑：了解房屋结构、材料、损失状况，然后确定维修方案，最后请当地数家建筑施工单位对损坏部分及维修方案进行预算招标，确定最低修复费用。

3）道旁农田庄稼：在青苗期按青苗费用加上一定的补贴即可，成熟期的庄稼可按当地同类农作物平均产量测算定损。

4）家畜、牲畜：牲畜受伤以治疗为主，受伤后失去使用价值或死亡的，凭畜牧部门证明或协商折价赔偿。

5-376　车上货物损失的定损方法是怎样的？

车上货物的损失应根据不同的物品分别定损（图5-44），对一些精密仪器、家电、高档物品等应核实具体的数量、规格、生产厂，可向市场或生产厂了解物品价格；对易变质、易腐烂的（如食品、水果类）等物品在征得保险公司有关领导同意后，应尽快现场变价处理；另外，对于车上货物还应取得运单、装箱单、发票，核对装载货物情况，防止虚报损失。同时应注意，根据机动车辆保险条款，定损人员只需对损坏的货物进行数量清点，并分类确定其受损程度，而对诈骗、盗窃、丢失、走失、哄抢等造成的货物损失不负责赔偿。

图 5-44　交通事故致货物损失

5-377 怎样确定施救费用?

施救费用是指当保险标的遭遇保险责任范围内的灾害事故时，被保险人或其代理人、雇佣人员等为防止损失的扩大，采取措施抢救保险标的而支出的必要、合理的费用。必要、合理的费用是指施救行为支出的费用是直接的、必要的，并符合国家有关政策规定。

财产需要施救的，应记录被施救财产的名称、数量、重量、价值、施救方式、施救路程。被施救财产已经施救的，应在查勘记录中记录已发生的施救费用。保险标的与其他财产一同施救的，应向被保险人说明施救费的分摊原则并在查勘记录中注明。

5-378 损余物资的残值怎样进行处理?

损余物资是指非车辆财产的全部或部分遭受损失且经保险公司按合同规定予以赔偿，赔偿后仍有一定价值的物资。常见损余物资有：承保的本车车上货物及第三者的财产等。

残值处理是指保险公司根据保险合同履行了赔偿并取得对受损标的所有权后，对尚存一部分经济价值的受损标的进行的处理。

按照保险合同规定，损余物资的处理需经双方协商，合理确定其剩余价值（残值）。残值确定后，一般采取折归被保险人并冲减损失金额的方式。当残值折归被保险人并扣减损失金额的处理方式与被保险人协商不成时，需将残值物品全部收回。

5-379 受害人死亡的相关费用是怎样的?

（1）丧葬费

按受诉法院所在地上一年度职工月平均工资标准，以6个月总额计算。

（2）死亡赔偿金

按受诉法院所在地上年度城镇居民人均可支配收入或者农村居民人均纯收入标准，按20年计算。但60周岁以上的，年龄每增加一岁减少一年；75周岁以上的，按5年计算。

赔偿权利人举证证明其住所地或者经常居住地城镇居民人均可支配收入或者农村居民人均纯收入高于受诉法院所在地标准的，死亡赔偿金可以按照其住所地或者经常居住地的相关标准计算。

5-380 精神损害抚慰金的费用是怎样的?

受害人或者死者近亲属遭受精神损害，赔偿权利人向人民法院请求赔偿精神损害抚慰金的，适用《最高人民法院关于确定民事侵权精神损害赔偿责任若干问题的解释》予以确定，原则上应当一次性给付。

机动车交通事故责任强制保险在死亡伤残责任限额内，最后赔付精神损害抚慰金。商业第三者责任险不负责赔偿精神损害抚慰金。

5-381 人身损害赔偿费用计算标准是怎样的?

各地因交通事故导致的人身损害赔偿，均有相关的赔偿标准，而且这个标准每年还要修订一次。2006~2011年山东省交通事故人身损害赔偿有关费用计算标准如表5-6所示。

表 5-6 山东省交通事故人身损害赔偿费用计算标准（单位：元）

项目	2011年	2012年	2013年	2014年	2015年	2016年
城镇居民人均可支配收入	19946	22792	25755	28264	29222	31545
城镇居民人均消费性支出	13118	14561	15778	17112	18323	19854
农村居民人均纯收入	6990	8342	9446	10620	11882	12930
农村人均生活消费支出	4807	5901	6776	7393	7962	8748
城镇在岗职工年平均工资	33961	38114	42837	46386	52460	52460

5-382 道路交通事故受伤人员伤残评定等级是怎样划分的?

（1）施行时间

《道路交通事故受伤人员伤残评定》于2002年3月11日由国家质量监督检验检疫总局发布，为强制性国家标准。

（2）《道路交通事故受伤人员伤残评定》的伤残等级划分

1）伤残。伤残是指因道路交通事故损伤所致的人体残疾。包括精神的、生理功能的和解剖结构的异常及其导致的生活、工作和社会活动能力不同程度丧失。

2）伤残等级划分。根据道路交通事故受伤人员的伤残状况，将受伤人员伤残程度划分为10级，从第Ⅰ级（100%）到第Ⅹ级（10%），每级相差10%。每级对伤残状况都做了详细规定。伤残等级划分的依据如表5-7所示。

表 5-7　伤残等级划分依据

等级	划分依据	等级	划分依据
Ⅰ	（a）日常生活完全不能自理 （b）意识消失 （c）各种活动均受到限制而卧床 （d）社会交往完全丧失	Ⅵ	（a）日常生活能力部分受限，但能部分代偿，部分日常生活需要帮助 （b）各种活动降低 （c）不能胜任原工作 （d）社会交往狭窄
Ⅱ	（a）日常生活需要随时有人帮助 （b）仅限于床上或椅上的活动 （c）不能工作 （d）社会交往极度困难	Ⅶ	（a）日常生活有关的活动能力严重受限 （b）短暂活动不受限，长时间活动受限 （c）不能从事复杂工作 （d）社会交往能力降低
Ⅲ	（a）不能完全独立生活，需经常有人监护 （b）仅限于室内的活动 （c）明显职业受限 （d）社会交往困难	Ⅷ	（a）日常生活有关的活动能力部分受限 （b）远距离活动受限 （c）能从事复杂工作，但效率明显降低 （d）社会交往受约束
Ⅳ	（a）日常生活能力严重受限，间或需要帮助 （b）仅限于居住范围内的活动 （c）职业种类受限 （d）社会交往严重受限	Ⅸ	（a）日常活动能力大部分受限 （b）工作和学习能力下降 （c）社会交往能力部分受限
Ⅴ	（a）日常生活能力部分受限，需要指导 （b）仅限于就近的活动 （c）需要明显减轻工作 （d）社会交往贫乏	Ⅹ	（a）日常活动能力轻度受限 （b）工作和学习能力有所下降 （c）社会交往能力轻度受限

第六节　保险欺诈

5-383 怎样预防“先出事故，后买保险”的保险欺诈行为?

先出事故，后买保险（图5-45）是指汽车出险时尚未投保，出险后才投保，然后伪装成合同期内出险，达到获取汽车保险赔款的目的。

实施先险后保策略时，一般采用伪造出险日期或保险日期的手法：伪造出险日期时，一般通过关系，由有关单位出具假证明，或伪造、编造事故证明，待投保后方按正常程序向保险人报案索赔。这类案件保险人即使去现场复勘，若不深入调查了解也很难察觉；伪造保险日期时，一般是串通保险签单人员，内外勾结，利用“倒签单”手法，将起保日期提前，瞒天过海，浑水摸鱼。有的车辆在到期脱保后要求保险人按上年保单终止日续保也属此类。无论采取何种手段，先险后保案件有一个明显特点，即投保时间与报案时间很接近，因此，对两个时间比较接近的案件务必严查。

图 5-45 先出事故，后买保险

5-384 怎样预防“无中生有，谎报出险”的保险欺诈行为？

无中生有，谎报出险是指本来没有出现事故，投保人或被保险人却无中生有，谎称发生了险情，向保险公司提出索赔的行为。

例如，被保险人通过“制造”虚假事故、更换车辆报废零部件、单方事故后再伪造双方事故、本不属保险范围，事后制造事故骗取修理金等。在这种情况下，投保人往往采取唆使、收买他人提供虚假证明、资料或其他证据，或伪造、变造修理发票、伪造证明、私刻公章、篡改事故责任认定书等。

5-386 怎样预防“移花接木，混淆视听”的保险欺诈行为？

通过“移花接木”方式造假的行为，主要包括“换人、换车、换件、换货”四种方式。

1）无证或酒后驾车，事故发生后，找人顶替驾驶人。

2）正常维修的车辆，被换上损坏了的旧件，假冒原车件索赔。

3）已经定损、索赔了的车，被换上另外的牌照后，再次索赔。

4）在事故现场，原本没有损坏的车载或地面物品，被更换成为了损坏的物品。

5-385 怎样预防“一次出险，多次索赔”的保险欺诈行为？

一次出险，多次索赔是汽车保险理赔中最常见、最普遍的现象。常见的一险多赔诈骗案有三种类型：

1）一次事故向多个保险人索赔，这是指投保人就同一保险标的、同一保险利益，同一保险责任分别向两个或两个以上保险公司订立保险合同的一种保险。投保人向多家公司购买保险，但并不将该情况通知各保险公司。发生事故后，持各公司的保险单分别索赔，以获取多重保险赔款。由于重复保险多是蓄谋已久，且隐蔽性极高，再加上各保险公司之间信息不交流，所以欺诈成功率较高。

2）一次事故多险索赔。如车辆造成货损后，投保人可在车上货物责任险和货物运输险项下同时索赔。因保险公司内部横向信息沟通不畅，投保人往往会轻而易举地索赔成功。

3）在一次事故中，先由事故责任者给予赔偿，然后再向保险公司索赔。这种骗案，数额一般不大，但在日常生活中却最常见。出险原因都是被别人追尾或被别人所撞后，第三方负事故责任，在第三方已给予赔偿的情况下，再到保险公司谎称自己倒车所撞进行骗赔。所以对单方事故，尤其对车辆尾部损坏的单方事故进行现场查勘时要特别注意。

5-387 怎样预防“夸大损失，高额索赔”的保险欺诈行为？

夸大损失，高额索赔是指出险汽车损失很小，被保险人却故意夸大损失程度或损失项目，以小抵大，骗取赔款。例如，被保险人将事故车上未损坏零部件用损坏零部件进行替换后再向保险公司报案。目前的一些汽车修理企业，为拉拢客户，有时会帮着客户进行欺诈骗赔。修理企业中与事故车同类型车辆的损坏零配件比较多，再加上专业人员的“参与帮忙”，所以此类案件识别较难，这就要求车辆定损人员具有较强的专业知识和丰富的理赔经验。

5-388 怎样预防“二次撞击，扩大损失”的保险欺诈行为？

二次撞击，扩大损失是指保险事故发生后，汽车修理厂或个别保户为获高额赔偿，故意扩大损失程度。

（1）保户扩大损失的原因

1）碰撞程度偏轻，不值得索赔，车主自行决定或修理厂建议二次碰撞。

2）以前出现过不属于索赔范围的损伤，但与本次事故损失无法连成一体，车主自主或修理厂建议通过再撞加大损失，使其连成一体。

3）发生事故后，双方已私了，无责方拿到对方赔款后不想再拿出来修车，通过再碰撞制造假现场，一同修好已经获赔了的损失。

（2）修理厂骗保主要手法

1）通过将客户前来维修的车辆再次撞击，扩大损失，以便多估车辆损失。

2）拆下没有受损的零部件，更换上损坏了的零部件，要求定损。

3）保养或小修的事故，不法经营业户设法留下车主的身份证、行驶证、保险单等，等车主走后，将车再次碰撞，扩大损失。

4）车主与汽车修理厂联手，共同扩大事故损失，双方得益。

5-390 怎样预防“编造理由，冒名索赔”的保险欺诈行为？

编造理由，冒名索赔指事故发生后，或者属于保险合同的免责范围，或者需要自己承担较高免赔比例，于是，被保险人就想方设法编造事故原因、隐瞒事故真相，以此来欺骗交警和查勘人员，以便改换成有资格的理由骗取保险公司赔款。图5-46所示即为谎报碰撞石柱，要求索赔保险杠前端、侧面损坏的欺诈案例。为达此目的，往往采用骗取警方事故证明，或篡改事故责任认定书，或伪造事故责任认定书等，从而达到不可告人的目的。

图 5-46　保险杠刮蹭的欺诈

5-389 怎样预防“故障造案，骗取赔款”的保险欺诈行为？

故意造案，骗取赔款是指故意出险，造成损失，骗取赔款的行为。常见的有三种类型：

1）汽车趋于报废，价值较低而车辆损失保险的保额又较高。在被保险人期望获取高额赔款的欲望驱动下，故意造成汽车出险。如价值3万元的旧车以10万元投保，然后在偏僻地区将车推下山坡等。这类案件往往具有出险时间、地点精心选择的特点，所以查处难度较大，有时尽管会怀疑它可能是骗案，但却很难找到证据。

2）由于保险条款将一些特定损坏规定为责任免除，被保险人为获取赔款故意造成保险责任范围内的事故，把不应赔偿的变成应赔偿的。如停放家属院中的汽车左侧前照灯罩出现不明原因损坏，保险公司是不予赔偿的，于是驾驶人故意撞墙，导致保险杠左侧、前照灯、角灯等一起损坏，报案者谎称自己不小心撞上的，保险公司如不能识别其诈骗企图，则很容易从车损险中给予赔偿。

3）汽车修理厂利用客户前来维修的汽车，故意制造保险“责任”事故，造成标的车的损失，谋求保险公司的赔款。

5-391 及时查勘现场，掌握第一手资料可以预防保险欺诈吗？

（1）及时查勘现场

在事故发生的现场，往往遗留有各种痕迹，记载着大量能够真实反映事故发生、发展过程的信息，但这些痕迹和物证极易受到自然或人为的破坏，必须及时取证。

接到客户的报案后，查勘人员应该及时赶赴到事故现场，掌握一切记录现场原始情况的资料，包括现场痕迹物证、访问笔录、影视资料、损失清单、财务账本等，这些资料将对揭露诈骗起到证据作用。

（2）认真调查事故经过

一方面，查勘人员应围绕出险事故，向投保人、被保险人、受益人及目击者调查，对事故发生经过、原因、损失情况及保户经营状况、个人品行、近期异常表现、保险标的状况等与事故有关情况详细询问，并做好调查记录。

另一方面，还应与负责事故处理或鉴定的有关部门密切配合，及时了解事故处理情况，提出涉嫌诈骗的疑点，争取公安部门的支持，围绕着揭露诈骗行为进行调查取证。

5-392 综合分析出险情况可以预防保险欺诈吗？

（1）分析投保动机

对于超额投保案件，认真核实标的的实际价值，凡采用纵火、盗车等手段造成标的全损的案件，绝大多数都进行了超额投保。其投保的动机就是以损失价值较小的标的换取高额的保险赔款。

对于多次拒绝投保而后又主动上门投保的案件，应重点分析其投保动机。这类案件，大多是先出险后投保，或是风险即将发生，临危投保，转嫁损失。

（2）将有关时间联系起来分析

分析投保时间、出险时间、报案时间这三个时间之间的内在联系。

凡有预谋的诈骗案件，在几个关键时间上总有一些特殊联系。一般来说，投保时间与出险时间相隔越短、出险时间与保单责任终止时间相隔越近、出险时间与报案时间间隔越长的案件，应特别警惕，仔细分析原因，发现疑点，迅速查证。

（3）将现场痕迹物证及有关证据结合起来分析

查勘人员到达事故现场后，可以将现场痕迹物证（图5-47）与保单、原始记账凭证对比，分析现场标的物及损失数目与书证记载是否相符；将现场痕迹物证与有关证据对比。通过分析证据与事实、证据与证据之间的相互关系，识破诈骗者惯用的伪造、变造有关证明材料的伎俩。

图 5-47 汽车撞坏消防栓现场

5-393 怎样核损异常出险时间点的保险欺诈？

（1）出险时间距保单起保日期7天之内

案件风险点分析：投保近期出险的案件，主要存在两个风险点：一是起保、出险前有脱保情况的，先出险后投保；二是标的损失在上年度保险公司已办理理赔但未修理的，重复索赔。

核损审核要点：审核查勘报告中是否记录上年承保公司保单号，必要时需与其承保公司核实；重点审核车损痕迹的新旧程度，初步判断是否有先出险后投保的可能。

目前各保险公司对于起保近期出险的案件，一般要求客户提供上年度承保信息，根据承保信息，可以向上年度承保公司核实上年度理赔记录，各保险公司一般对于此类信息核实大都很配合。部分地区已建立车辆理赔信息共享平台，可以根据车辆的相关信息核实车辆的出险情况。

（2）出险时间为餐后时间、需关注时间（21:00—3:00）

案件风险点分析：这个时间段一般为酒后驾车的高峰时间，酒后驾车导致出险的风险加大；同时深夜也为人为作假的高峰期，对于这个时间段的案件应特别关注。

核损审核要点：核实查勘员是现场查勘或是复勘现场，通过查勘员对驾驶人状态的描述，判断是否为酒后驾驶及调换驾驶人；仔细审核车辆受损痕迹与现场是否吻合，碰撞是否符合逻辑，现场残留物等信息反应是否为拼凑事故、人为故意作假事故。

5-394 怎样核损异常出险地点的保险欺诈?

（1）在承接出险车辆的维修厂内或者附近出险

案件风险点分析：在承修维修厂内出险，大都是在维修期间出险，而维修期间在各保险公司一般为责任免除；在承修修理厂附近出险，有较大修理厂作假的可能，特别是频繁出险和信誉不好的修理厂。

核损审核要点：在修理厂出险查勘，应核实标的在该修理厂的维修记录，核实是否在维修期间；根据案件的整体风险（如报案人、报案电话、碰撞痕迹等），审核是否属维修厂作案。

应该注意的是：车主在前往修理厂修车时，最好不要将重要证件留在修理厂，同时应挑选信誉较好的修理厂维修，如果发现车辆存在异常，可以向承保公司查询车辆的理赔记录，以确保车辆不被非法利用。

（2）在郊外、山区、农村等较为偏僻的地点出险

案件风险点分析：偏僻的地方一般为保险公司管控的薄弱点，由于保险公司理赔查勘难以覆盖这些偏僻的地方，所以这些地方往往也是骗保分子作假的避风港。

核损审核要点：查勘员是否现场查勘，仔细分析痕迹是否吻合，查找其他疑点。

5-395 怎样核损多方事故出险的保险欺诈?

案件风险点分析：多方事故重点核实碰撞痕迹是否吻合，是否有主动承担责任，是否是人为作假及拼凑事故。

核损审核要点：了解案件经过，确定车主应承担的责任；对有疑问的案件应核实其他车辆的投保信息及理赔记录。

如2008年4月30日，黎某驾驶一辆天籁轿车与一面包车相撞，其报案称本车变道被追尾，交警判其全责。后来保险公司发现案件异常：后面面包车几乎是正撞天籁车。鉴于案值较大，保险公司立即对事故进行了调查，发现了疑点：一是事故认定书上没有写事故经过，上面写的是双方协商，黎某负全责，并有两人的协商书；二是面包车年检未合格。最终到对方保险公司核实了面包车的出险记录，才得到了答案。原来面包车由于未及时参加年审而被其承保公司拒赔，所以两人协商由黎某承担事故责任，面包车驾驶人另外给黎某1000元补助，黎某在获利后主动承担责任，最后保险承保公司在取得确凿证据后，拒赔了此案。

5-396 怎样核损车辆倾覆的保险欺诈?

案件风险点分析：车辆倾覆一般会造成驾驶人或者车上乘客受伤，如果车辆倾覆损失严重而无人伤，应关注是否为人为作假。

核损审核要点：根据事故车辆受损形态、现场环境、事故证明、查勘报告、驾驶人笔录，判断人员无伤或轻微伤的可能性；审核了解驾驶人与被保险人之间的关系是否正常。

2008年2月27日，南京某保险公司接到被保险人董某报案，董某称其驾驶桑塔纳轿车在江宁区某地掉入池塘，车损严重，无人员伤亡。保险公司查勘员到达现场后发现标的大部分都在水中，车门都为关闭状态，车窗没有损坏。从现场来看，驾驶人基本上没有逃出的可能，但此次事故没有人伤，且标的为1998年登记的旧桑塔纳，事故损失较大，预估在1万元，而标的实际价值仅2万多元，事故真实性存在较大疑问。后经调查，董某是在二手车市场购买的低价车，买车的目的就是为了骗保，这起事故是董某把车推到池塘然后向保险公司报案。最后保险公司取得确切证据后拒赔了此案。

5-397 怎样核损车辆火灾、自燃的保险欺诈？

案件风险点分析：外界火源造成事故，有其他可索赔责任方；老旧、淘汰车的实际价值与保险金额之间的差距；人为纵火。

核损审核要点：初步分析起火点，根据询问笔录及相关证明材料，判断是否由外来起火所造成；有其他责任方时，告知客户积极向责任方索赔；审查车辆起火前后客户的活动情况；根据询问笔录，了解被保险人的经济状况；初步判断是否是人为纵火。

2008年11月27日，黄某向某保险公司报案，称其驾驶的标的车在无锡市金城路与路牙相撞，造成车子发动机舱内起火。保险公司查勘人员立即赶往现场，发现标的车左侧前车轮与路牙相撞，但损失轻微，发动机舱内大部分电器已烧毁，但不见灭火痕迹。由于该车未保自燃险，查勘员对案件的真实性引起了怀疑。经过调查最终核实，该车于前天晚上长途行驶而发生自燃，由于车辆未保自燃险，被保险人黄某在修理厂的教唆下制造了这起假事故。

CHAPTER

第六章 互联网保险

第一节 互联网保险

6-398 什么是互联网+？

“互联网+”（图6-1）是创新2.0下的互联网发展新形态、新业态，是知识社会创新2.0推动下的互联网形态演进。

“互联网+”代表一种新的经济形态，即充分发挥互联网在生产要素配置中的优化和集成作用，将互联网的创新成果深度融合于经济社会各领域之中，提升实体经济的创新力和生产力，形成更广泛的以互联网为基础设施和实现工具的经济发展新形态。

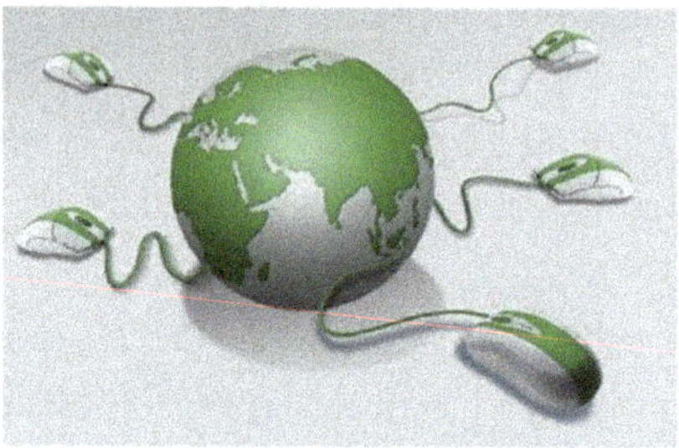

图 6-1 互联网+

6-399 “互联网+”时代是怎么回事？

“互联网+”是对创新2.0时代新一代信息技术与创新2.0相互作用共同演化推进经济社会发展新形态（图6-2）的高度概括。新一代信息技术发展催生了创新2.0，而创新2.0又反过来作用于新一代信息技术形态的形成与发展，重塑了物联网、云计算、社会计算、大数据等新一代信息技术的新形态。

图 6-2 “互联网+”时代

6-400 互联网保险是怎么回事？

互联网保险，指实现保险信息咨询、保险计划书设计、投保、交费、核保、承保、保单信息查询、保全变更、续期交费、理赔和给付等保险全过程的网络化。

互联网保险是新兴的一种以计算机互联网为媒介的保险营销模式，有别于传统的保险代理人营销模式。互联网保险是指保险公司或新型第三方保险网以互联网和电子商务技术为工具来支持保险销售的经营管理活动的经济行为。

6-401 互联网保险的常用术语含义是什么?

1）互联网保险：指保险机构依托互联网和移动通信等技术，通过自营网络平台、第三方网络平台等订立保险合同，提供保险产品及服务的业务。

2）自营网络平台：保险公司自身设立的互联网保险销售及服务平台。

3）第三方平台：除自营网络平台外，为消费者和保险机构提供辅助销售及服务的网络平台。目前第三方平台主要包括互联网企业保险频道及第三方中介机构的网站等。

4）互联网渗透率：互联网保费规模占总保费规模的比例。

5）保费收入：以人的寿命和身体为标的的保险。按照保障范围可以划分为人寿保险、意外伤害保险和健康保险，万能险等投资型险种属于人寿保险的范畴。

6）人身险：保险公司与投保人之间直接签订保险合同所得到保费收入。

6-402 为什么要发展互联网保险?

（1）传统代理人渠道增长乏力　低成本、高效率是许多保险公司采取代理人渠道的初衷。保险营销员数量也从2001年的105万人增长到目前的300多万人，代理人渠道实现保费收入的比例在2006年曾达到47%的历史高点。但2010年以来，由于保险主体增加，竞争激烈，各公司增员难度不断增加，加上保险业营销员文化水平和素质的不断提高对其收入提出了更高的要求，保险营销员的数量已经趋于稳定。

（2）银保渠道受限量价齐跌　2010年银保新规后银保新单不断下降。2010年，银监会发布90号文件《关于进一步加强商业银行代理保险业务合规销售和风险管理的通知》，《通知》规定，以后银行不再允许保险公司驻点销售保险产品，且每家银行最多只能销售三家保险公司产品，此后银保新单逐年下滑。据统计，中国人寿、中国平安、中国太保、新华保险四大保险巨头银保新单保费收入同比月度增速不断下滑。

6-403 互联网＋保险的发展趋势是怎样的?

趋势一：保险产品创新空间、保险市场范围将不断扩大。

趋势二：互联网+保险进一步场景化，更多碎片化的保险需求将得到满足。

趋势三：互联网+保险与其他互联网金融业态深入融合，风险不容忽视。

趋势四：保险产品销售渠道将更加丰富多样，费率空间得到进一步释放。

趋势五：数据作为保险行业“核心资产”的地位将进一步加强。

趋势六：互联网+保险将从深层次更新保险行业的服务模式。

趋势七：“以消费者为中心”的理念将进一步凸显。

趋势八：借助互联网技术，保险公司经营管理将不断优化改善。

趋势九：保险行业将更加注重保护消费者权益，加强信息披露。

6-404 互联网＋保险的优势有哪些?

1）相比传统保险推销的方式，互联网保险让客户能自主选择产品。客户可以在线比较多家保险公司的产品，保费透明，保障权益也清晰明了，这种方式可让传统保险销售的退保率大大降低。

2）服务方面更便捷。网上在线产品咨询、电子保单发送到邮箱等都可以通过轻点鼠标来完成。

3）理赔更轻松。互联网让投保更简单，信息流通更快，也让客户理赔不再像以前那样困难。

4）保险公司同样能从互联网保险中获益多多。首先，通过网络可以推进传统保险业的加速发展，使险种的选择、保险计划的设计和销售等方面的费用减少，有利于提高保险公司的经营效益。据有关数据统计，通过互联网向客户出售保单或提供服务要比传统营销方式节省58% ~ 71%的费用。

6-405 互联网保险的经营模式有哪些?

目前互联网保险经营模式(表6-1)主要有六种,官方网站模式、第三方综合电商平台模式、专业互联网保险公司模式、移动互联网销售模式、网络兼代理模式及专业中介代理模式。其中,官方网站模式、第三方综合电商平台模式、专业中介代理模式是主要的模式,而众安保险作为国内首家采取专业互联网保险公司模式的保险公司,其辉煌的业绩引起广泛注意。

表6-1 互联网保险经营模式

模式	含义	特点	代表公司
官方网站模式	大中型险企、保险中介等建立的自主经营的网站	集中展示企业形象创建品牌	人寿、太保、太平、新华、平安、泰康人寿
第三方综合电商模式	独立于商品或服务交易双方,使用互联网服务平台,按照一定的规范,为交易双方提供服务的电子商务企业或网站	类似金融超市,提供包括保险产品在内的多种金融产品供用户选择,平台手续费平均为3‰~5‰	淘宝保险频道、招财宝、网易理财、京东金融、苏宁易购、腾讯拍拍网、网易
专业互联网保险公司模式	全部线上业务,产品针对互联网领域的风险,销售渠道主要依靠互联网的专业保险公司	新模式,业务范围包含与互联网交易直接相关的企业/家庭财产保险、货运保险、责任保险等等	众安保险
移动互联网销售模式	保险企业通过用户的智能手机和平板电脑等移动终端销售保险产品和服务	便捷、时间碎片化、用户体验优	国华人寿
网络兼代理模式	在从事自身业务的同时,接受保险公司的委托,在保险公司授权范围内代办保险业务的各类机构	门槛低、办理简单、对经营主体规模要求不高,有的与自身业务有一定联系	网银代销、携程、中航协、移动、铁路系统、航空、车商等

6-406 互联网保险与传统保险有哪些不同?

互联网保险全面提升传统保险的各个环节,具体区别如图6-3所示。

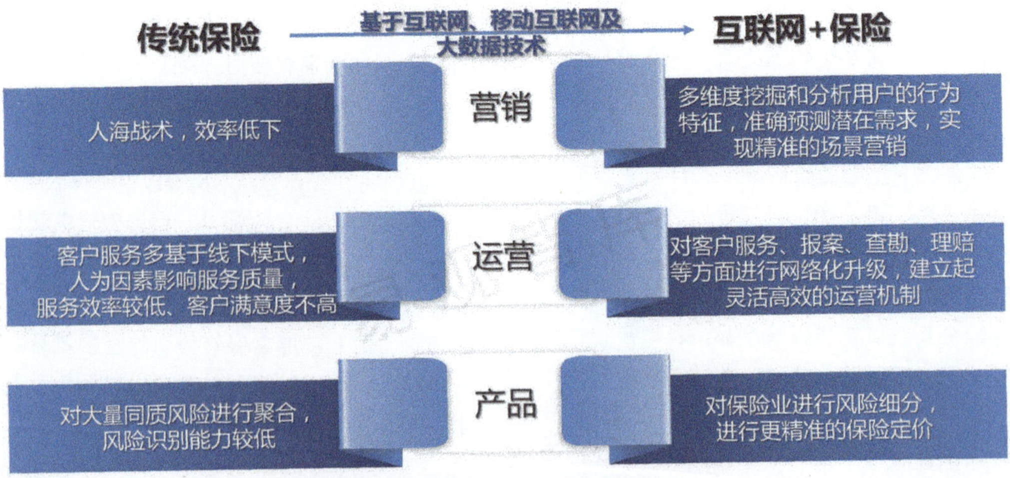

图6-3 互联网保险与传统保险的对比

6-407 互联网保险与传统保险相比有哪些特点?

保险业不同于其他的行业，互联网保险可以把传统保险看作是竞争对手。互联网保险竞争优势主要体现在成本上，但传统保险不断利用新技术降低成本，同时拥有大批忠实的客户为互联网保险带来了不可忽视的压力，互联网保险与传统保险竞争优势分析如表6-2所示。

表 6-2 互联网保险与传统保险竞争优势分析

优势	与传统保险公司相比较而言，互联网保险公司在业务的单位成本方面具有先天的优势。相关调查表明，不同的分销渠道进行业务的单位交易成本是不同的，互联网保险的单位交易成本相对较低
劣势	1）随着社会的进步和技术的发展，电话保险、手机客户端保险等都在试图采用各种方法或技术，更多地降低成本，以争取到更多的客户 2）现如今，仍有大量的客户对互联网保险持有怀疑态度，他们忠实于传统行业，这股力量也是不可忽视的

6-408 互联网保险为什么首选车险入局?

1）车险本身标准化程度高。这一点虽是老生常谈。但不得不承认，正是这一点，车险才成为各位大佬争抢进入互联网保险行业的敲门砖。车险已经成为一款像“薯片”一样的产品，你可以在车险平台“货架”上尽情选择自己喜欢的品牌。

2）车险并不只是1辆车的生意。截止2016年6月底，全国汽车保有量1.84亿辆，汽车驾驶人超过2.96亿人。相信这一数字到2016年年终时，还会有显著变化的。这么庞大的汽车数字背后，绝不是一锤子买卖的关系。车主的行为数据，车辆行驶的数据，车辆的消费数据，交错在一起，为我们辨识客户、了解车主消费需求提供了足够精准和庞大的背景。在这种思考之下，各种UBI车险、新型车险产品应运而生，越来越多的人感受到了互联网给车险带来的无穷想象。

3）车主是一群成熟的保险产品用户。由于国家政策规定，交强险成为一种强制性险种，几乎所有车主都有购买车险的意识。而出车险，找保险公司理赔，也成为了消费者的第一反应。在这样一种环境之下，车险市场成为了品牌偏好的竞技场。品牌偏好的形成是个复杂的过程，各大品牌需要在车险价格、下单、售后、赔付等环节下足功夫，真正实现优质低价高客户满意度，才能真正打动用户。

6-409 互联网保险的优势有哪些?

1）成本低廉、覆盖面广。互联网保险采用电子商务渠道，直接接触客户，节省了交易中间环节和渠道费用，这意味着消费者将买到更加优惠的保险产品。同时，互联网连接了整个世界，消费者无论身处何时何地，都能轻松快捷地购买到适合自己的产品。

2）挖掘数据、精准定价。基于互联网的大数据有助于促进保险企业与消费者间的信息对称，同时保险企业通过对数据的深层挖掘还可以使得保险产品依据年龄、消费偏好等更加细分，提供更准确的保险定价服务。

3）信息透明、便于互动。互联网的发展，创造了前所未有的直达消费者的信息通路，使得保险销售具有直销的特点。它的交互性使客户由传统营销方式中的被动接受者转变为主动参与者，这有助于保险公司更好地了解客户需求，更有针对性地开发产品。

4）场景销售、产品创新。场景可以激发客户的需求。特定场景会激发人们对生老病死残带来的风险担忧。传统的推销依靠营销员的话术激发客户的需求，而网络则是客户在自身的体验中自发地联想到未来的风险场景而激发需求，这种需求更加自然，也更加强烈。

5）费率个性化。借助OBD系统，大量车主的行车习惯、车品等数据能够被获取，并据此个性化定价，众安保险和平安保险联合推出的保骉车险就是利用对大数据的分析进行保费的差异化定价的；且OBD系统还可以实时监控车辆的状况，及时发现问题，避免了车辆出现风险的概率，并回馈在车险赔付成本的减少上。

6）理赔方式更快速和垂直化。传统车险出险后需要自己先垫付资金，然后保险公司再进行报销。而互联网车险则是由承保公司帮其服务维修好，再送还给车主，最大化起到了为车主分摊风险、解决维修麻烦的目的。

6-410 互联网车险存在哪些问题？

虽然各类资本纷纷入局，但是互联网车险还有一些问题需要思考：

1）盈利模式。一方面，车险出险频率高，赔付比例高达90%，很多传统财险企业并没有太多利润可图。另一方面，互联网平台，目前主要是通过低价来吸引用户。低价的空间有的来自渠道佣金返现，有的是资本市场融资补贴，但是，这种交替补贴车主的方式，并不能支撑车险平台长期发展。

2）使用频次。车险本身作为一款金融产品，用户访问的频次是“年/次”，购买频次相对较低。有一部分互联网平台，通过洗车、加油等服务，增加用户的访问频次。但是平台仅仅是一个中介商，吸引用户的并不是自己的服务，而是折扣。培养用户黏性，价格战当然是很有效的方式，但是如果没有强大的资本支持，也是没办法持久的。所以，怎样去增加产品的使用频次，到底是增加保险产品种类，优化使用体验，还是完善车后市场服务的方方面面，这都是需要去思考探索的。

3）资质问题。目前为止，保监会只下发了4张互联网保险公司牌照，分别是安心财险、泰康在线、众安在线、易安财险。其他互联网平台想要销售保险，都需要进行ICP备案，还有销售资质备案，但是目前只有经纪公司和保险公司有销售资质。另一方面，互联网平台虽然在大数据分析方面有优势，但是它并不能直接利用大数据定制产品，像上面提到的“按天结算”的车险，就是车车车险与安心财险合作才能完成的，主动性大打折扣。还有一些互联网公司，推出了互助保险，又或者是预收维修费用的模式，都是为了直接避开保险销售的本质而打的擦边球。可见，互联网公司在资质上还是有很多问题亟待解决的。

6-411 国内的网络保险平台有哪些？

网上保险平台也叫作第三方网络保险平台，它是指保险公司依托有成熟技术的第三方提供的网站平台进行保险产品的销售。它的特点是专业化、具有很强的服务功能、具有“公用性”和“公平性”。

1）保险公司官方网站。国内各大保险公司都建立自己的网络销售平台，如中国人民保险网站（图6-4），中德安联的网络销售平台“安联在线保险网”，可提供包括旅游险、寿险等多个品种的在线购买服务，方便快捷。

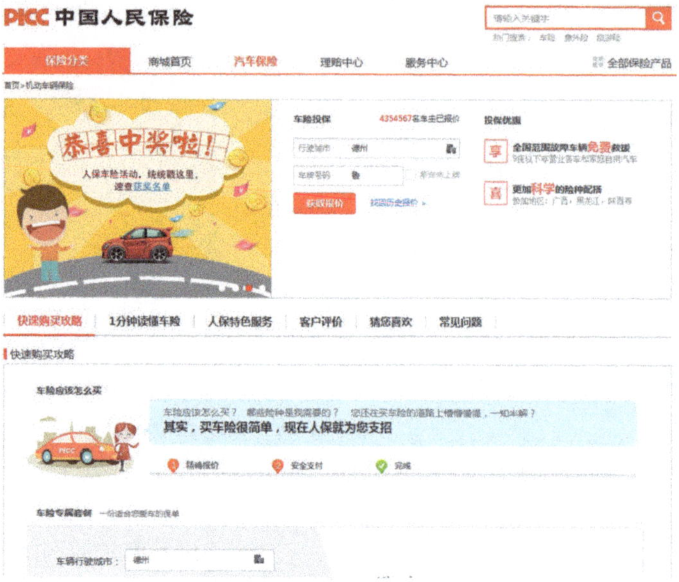

图 6-4 中国人民保险公司官网车险平台

2）第三方网上投保平台。

①慧保网；②慧择网；③中民保险网；④保网；⑤新一站；⑥e家保险网；⑦搜保网；⑧最惠保（图6-5）。

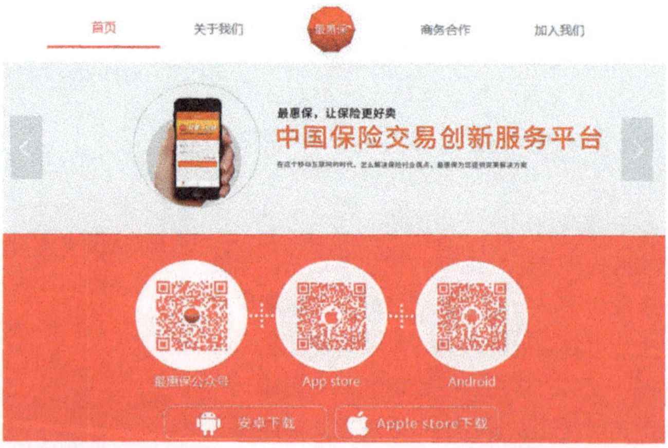

图 6-5 第三方网上车险投保平台（最惠保）

6-412 车险网上投保流程是怎样的？

网上车险是车主可以直接通过网络平台，实现车险投保的在线查询、在线支付、在线续保、在线理赔等交易环节，网上车险的投保方案如图6–6所示。网上车险投保一般分为五个步骤进行：

1）选择所需购买的保险产品。

2）根据选择的保险产品选择不同的保险种类，保障期限及保单份数计算来计算保险费用。

3）填写投保信息，请注意区分投保人信息与被保险人信息。

4）选择支付方式，为确保能及时收到保单，详细填写联系人信息，并确保填写信息的真实有效性。

5）投保成功，请注意查收保险公司寄送的保单。

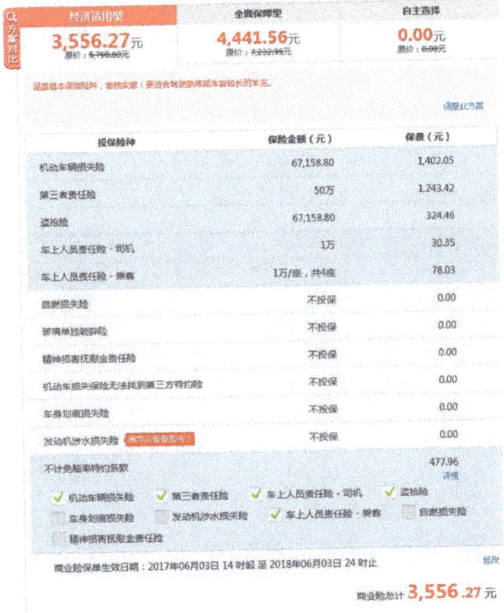

图 6–6　网上车险的投保方案

6-413 网络车险与电话车险有哪些区别？

1）电话车险是推荐车险，网上车险是自助选择。车主选择电话车险时，车主拨打某保险公司专线车险投保电话，需要介绍自己的详细情况，坐席人员会按照车主的情况推荐保险组合，如果车主觉得不满意，坐席人员会重新推荐保险组合。当车主选择网上车险时，车主需要按照提示输入必要信息，在保险选择界面中，车主可以按照自己的实际情况选择保险组合，不需要他人的推荐。这种自助选择车险是一种进步，随着车主对车险知识的了解，车主本人拥有了更大的主动权，可以方便地选出合适的保险组合。

2）电话车险以线下支付为主，网上车险以在线支付为主。电话车险是由坐席人员接听电话，电话内确定投保后，由工作人员带上POS机和保单与车主碰头，车主可以通过刷卡支付费用也可支付现金。网上车险则不同，车主在平台上选择保险后，通过全国各大银行的银行卡网上支付、信用卡无卡支付，还有支付宝、快钱、财付通等第三方支付手段，在线支付保险费用。简单点说就是，电话车险以线下支付方式为主，网上车险以在线支付方式为主。

6-414 网上投保理赔要点有哪些？

1）记住您的电子保单号码，保存好电子保单备份。

2）万一出险，被保险人或者受益人应在三日内拨打保险公司电话报案。

3）保存好与保险事故相关的证明和票据。申请意外伤害赔付一般涉及的文件包括：保险凭证（电子保单见图6–7）；被保险人身份证明；受益人身份证明；受益人与事故者关系证明；门诊或住院病历；门诊或住院费用收据原件、明细清单；有关部门出具的意外事故证明；死亡证明、户口注销、殓葬证明；伤残鉴定报告。

4）在发生保险责任事故后，要按第3条要求收集齐理赔申请所需的凭证，到保险公司所在地的机构客户服务中心办理有关理赔手续。

5）理赔金给付：保险公司在收到保险凭证后，经审核对于确属保险责任范围内的事故，理赔将由客户到保险公司当地机构办理。自保险事故发生之日起两年内，若被保险人或其受益人没有提出赔偿申请，即视为自动放弃权益，保险公司不再赔偿保险金。

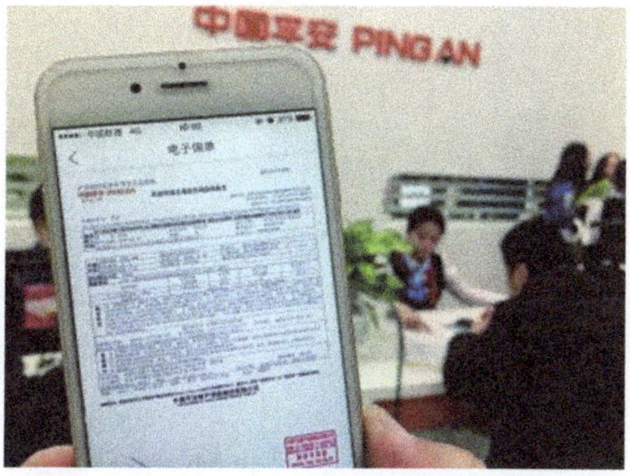

图 6–7　车险电子保单

6-415 慧择网的“以产品运营和服务为内核”的发展模式是咋回事？

为用户提供闭环式产品与服务是专业第三方互联网保险机构的核心竞争力，在多条垂直销售渠道的基础上，能够更加精准地把握用户的需求，进行产品的品质管理与服务的管控，从而在闭环生态里将平台的聚合价值进行最大的发挥，慧择以产品运营和服务为内核的发展模式，成为专业第三方互联网保险机构的典范（图6-8）。

图 6-8 慧择网的“以产品运营和服务为内核”的发展模式

6-416 互联网保险参与机构有哪些优势与不足？

互联网保险参与机构各具特点，其不足与优势如图6-9所示，但综合对比来看第三方互联网保险机构发展模式具备综合优势，能够聚合保险公司海量资源促进传统产品升级创新；立足用户角度，聚合独立代理人与平台专业保险团队提供深化的保险服务。

6-417 互联网保险的产品创新体现在哪些方面？

国内互联网保险的产品创新由众安保险开始，这家由阿里、腾讯、平安的“三马”联手发起设立的保险公司（图6-10），它的意义，在于打破了单纯的“保险互联网化”模式，设计了多款互联网保险产品。

仔细研究众安的产品不难发现，互联网保险，很重要的一方面就是保险与各种场景的融合，即所谓的场景化产物。保证金保险、退货运费险都是基于电商场景的，航空延误险是基于航班延误场景的，盗刷险是基于信用支付场景的，美团食品安全责任保险则是基于网购、O2O场景的。

场景化的产品创新正在蔓延，日前太平洋产险深圳分公司联合支付宝口碑平台推出了外卖延误险产品“晚就赔”；近日入驻支付宝钱包的众安“保骉车险”等，无一不是保险产品与互联网使用场景融合下的产物。

图 6-10 保骉车险

参与力量综合对比	产品优势 传统险企直销官网	场景优势 互联网企业电商网站	创新优势 互联网保险公司	综合优势 专业第三方互联网保险机构
优势	•保险从业经验丰富 •传统用户基础强大	•互联网场景多元 •平台入口资源丰富	•产品创新动力十足 •投保理赔全程线上服务模式便捷高效	•运营模式聚合各方资源 •独立第三方角色能够实现平台、保险公司、用户共赢
不足	•产品创新动力不足 •线上保险场景需对外借力	•基础引流模式失去优势 •依赖场景，产品深度不足	•产品深度有待加强	•场景入口有待进一步拓展

图 6-9 互联网保险参与机构有哪些优势与不足

产品创新的另一方面，则是对传统保险产品的改造。这包括在传统保险产品的设计、保单等方面出现的路径改变与思路转型。以财险为例，传统财险要经过漫长的查勘、定损、理赔过程，这样的过程让投保人长期不满与质疑。

但近年来出现的产品采取了低保费定额保的方式，将传统财险产品的路径进行了改变，将原来难以标准化的很多流程进行了再造。类似的电子保单等亦是类似的改造。

总的来说，最近一年半的时间里，保险业正跨过保险超市的最初阶段，迅速进入互联网保险产品创新的维度。导入互联网消费与交易场景，并赋予其全新的形态，正是互联网保险大干快上的时期，像意时保险所推出的痘痘险、手机碎屏险，以及豆芽金服正在酝酿中的多款产品，无不是这样的出发点。

传统保险公司也正在将眼光转向互联网场景化的角度上来，对接互联网交易与消费场景，创新出全新的产品。在可以预见的2018年，场景化的互联网保险产品将迎来井喷之年。

6-418 互联网保险的流程创新体现在哪些方面?

所谓互联网保险的流程创新，主要指保险的电商化与传统保险流程的再造。前者实现互联网保险产品的售前（电商化产品售卖）、售中（网络化支付、电子保单等）、售后（快速理赔、电子支付、结案等）。传统繁琐的销售流程、出险流程、理赔流程等，都逐步通过互联网的手段得以快速解决。

传统险企的流程操作上多年未变，不管是设立众多的分支销售机构，还是通过保代公司、第三方柜台去实现产品销售，在整个流程中间都增加了层层佣金与手续。销售人员的各自为政，定损过程中的暗箱操作等广为用户诟病，也成为保险业顽疾。

传统险企正积极在流程创新上做出尝试，除了保险超市之外，也在保险查勘、理赔等多维度展开，但进展缓慢。以电子保单为例，平安保险、泰康人寿、太平洋保险等都推出了电子保单，甚至针对选择电子保单的用户会给到更长时间的犹豫期。但是，实际操作中，业务人员更多考虑的却是业绩，电子保单更长的犹豫期对他们来说有害而无利，唯恐避之不及，又如何会主动向用户推荐呢。所以，电子保单并没有迅速普及、发展。

传统保单专业术语林立，保险条款长达几页甚至数十页，这都给投保人带来巨大的困扰。豆芽金服正在改变这一思路：在豆芽金服的平台上或者是在其APP上，即可自动生成电子保单，以最明了、简单的方式展示给用户。另外，与多家保险公司达成的合作，在这个平台上可以查询到自己名下的所有保单，一目了然。

豆芽金服希望用户在自己的平台上实现一键购买、闪速定损、及时理赔、无损退保，更重要的是，用户可以通过自己的保单进行贷款、理财，甚至直接购买产品与服务的功能。这种改变，将极大改变传统保险流程，让保险走到阳光之下，真正做到让保单看得见、赔得了、用得好。

6-419 互联网保险的模式创新体现在哪些方面?

保险作为金融业态的一种，其本身具备金融的多维张力，但是保险业的业态却是经年未变，其通过售卖保单获利的商业模式也从未改变。但实质上，一方面保险公司在获得保费收入之后，资金却流向了金融配置与资产管理；另一方面，投保人的保单所具备的现金与流通价值却一直处于压抑状态。

图 6-11　支付宝中的车险投保

模式创新正是从这个角度切入。保险公司的保费是否可以通过互联网化进行成本消减而降低？投保人的保单是否能够实现顺畅便利流通？答案是显而易见的。众安“保骉车险”让投保人获得保险的同时实现“余额宝”理财收益实际上就是在降低保费（图6-11），而豆芽金服的保单贷款与理财甚至消费就是改变了保单流通性不足的难题。

通过互联网保险的电商化、场景化、定额赔等实现保费的实质降低；通过接入专业资产包与解决方案实现保费的增值回报，并将部分回馈给投保人；通过接入更多便利服务让投保人享受更多的增值权益，比如投保人可以以保单去携程购买机票、去京东购物、去加油站加油等。

但这些创新并非传统险企能够“包打天下”的，不管是保费降低，还是资产回馈，以及增加更多的增值服务等，除了提升用户的体验与服务之外，几乎没有一项是传统险企所愿意主动拥抱的。

但互联网保险的出现正在倒逼与促进传统险企进行变革，比如两年来的保单贷款，平安保险、新华保险、太平洋保险、太平人寿等各大保险公司也纷纷在保单质押贷款上下功夫，简化手续，推出网络办理平台，用户可直接在线办理，贷款几天内就可到账。

传统险企改革的缓慢给了市场化公司机会，豆芽金服、意时等第三方平台应运而生。通过保险产品、流程的创新，它们可以实现保费的实质降低，同时可以帮助用户实现保单的现金价值与增值服务，并最终获得用户，建立信用。

6-421 互联网保险将带来保险运营的哪些变化？

互联网竞争将使保险行业向买方主导转变，保险公司围绕价格和服务两方面的竞争将更加激烈。为提升经营效率，将带来保险运营的三大变化：一是保险公司核心运营流程的网络化和客户自服务水平将大幅提高；二是成本高昂的销售门店将大幅减少；三是保险外包将加快发展以专注发展核心竞争力。

6-420 未来互联网保险的发展趋势是怎样的？

未来互联网保险的发展趋势（图6-12）为大数据、数据分析、移动端、社交化、场景化、O2O，且这六个方向互相协同、相互带动。在这几个趋势的迭代发展下，互联网保险将有一个全新的面貌，不仅可以为保险企业带来利益，还能使用户增强保险意识、满足需求、降低价格。甚至由于互联网保险的发展，能有效地控制风险，减少灾难的发生。

图 6-12 互联网保险发展的趋势

1）移动互联网保险将成为新的业务增长点。目前我国手机网民数量占全体网民的78.5%，未来以移动端推送的保险产品必然成为保险销售的新增长点。“求关爱”“救生圈”“摇钱树”等创新的险种给予手机端客户良好体验的同时，也为保险公司扩大了影响力。

2）“按需定制、全产业链”模式将成为主导。大数据的应用使得保险产品和服务的个性化及私人定制成为可能，这将有助于解决保险产品和服务的同质化问题。未来，互联网保险将会从“大公司开荒、第三方平台浇水、电商助力”的简单模式向“按需定制、全产业链”的方向进阶。

3）“学习型营销”“境式营销”将替代“攻势型营销”。保险网站不仅是一个销售平台，还应该是一个为“理解保险”而设立的学习平台。客户可以学习保险知识，也可即时咨询，了解和认可以后主动购买产品。同时，通过与电商平台无缝对接，可以以情境模式引导客户选择与之相关的产品。

4）保险门槛降低，保险产品趋于“碎片化”。碎片化已成为互联网保险新品的主旋律，价格低廉、保障时间缩短、保障范围收窄，条款简单、标准化。此类保险是对保险市场的进一步细分，比如由人身意外险细分出“鞭炮险”，由产品责任险细分出“奶粉召回保险”等。

6-422 互联网保险的最高形式是怎样的？

一体化集团模式拥有共同的客户、共同的品牌、共同的互联网和共同的技术后台，可以根据每个客户的要求和特点，定制产品组合，实现一体化服务，实现客户资源的深度挖掘。因此，互联网平台一体化集团模式（图6-13）将是互联网保险的最高形式。

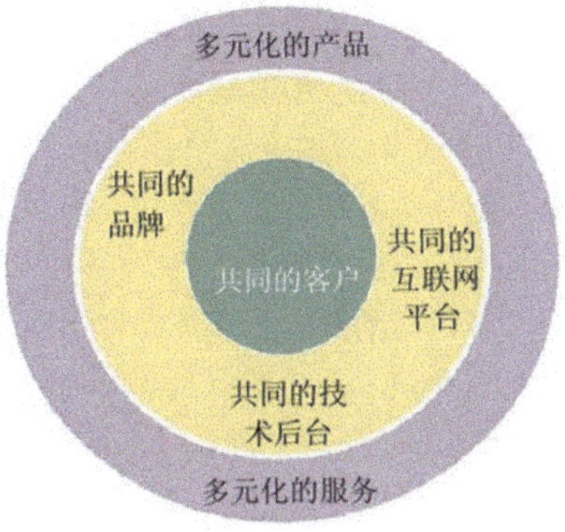

图 6-13　互联网平台一体化集团模式

6-423 互联网保险创新之处表现在哪里？

如表6-3所示，互联网对于传统保险行业的3个环节（前端销售、中端投保、后端产品）的创新可以总结为“3+2+3”：引入3种渠道+2类优化+3种创新。

表 6-3　互联网的创新模式

		创新模式	具体内容
保险环节	前端销售	3种渠道	第三方销售平台
			保险咨询销售平台
			比价网站（比价精准推送）
	中端投保	2类优化	移动展业
			移动理赔
	后端产品	3种创新	对传统保险产品“拆解”创新（如雾霾险）
			结合消费场景所产生的场景险（如外卖食品安全险）
			基于大数据与人工智能的精算定价

6-424 B2C 网络保险模式是怎样的？

B2C网络保险模式是保险公司直接面对终端消费者的销售模式。这是市场上最为普遍的一种销售模式，安邦保险（图6-14）、人保、平安等的保险电子商务平台，各家公司的电话车险都属于这一类别。另外，还包括一些保险经纪公司设计的第三方网络保险投保平台，如慧保网、慧择网、中民保险网等都提供专业的网上保险导购服务。

图 6-14　网上车险

6-425 B2M 网络保险模式是怎样的？

B2M网络保险模式是保险商品供应商对保险销售经理人的销售模式，类似于B2B，但M是属于个体保险代理人。这个销售模式，市场比较少见，主要以中国保险服务网、电子商务的车险网上投保为代表。

6-426 B2B 网络保险模式是怎样的？

B2B网络保险模式是一种保险公司对销售代理机构的网上交易模式。如太平洋保险的诚信通代理平台、金保保险网保险代理等（图6-15），可以提供车险、货运险、意外险等条款和费率标准化程度较高的险种网上交易平台。

图 6-15　金保保险网保险代理

6-427 哪些公司将来瞄准互联网车险？

1）传统保险公司开拓渠道，打造生态圈层。以平安为例，平安还推出了平安好车主APP，为车主提供自助理赔服务，车主可以在线上直接购买车险产品，进行理赔，享受维修代驾等服务。可以看出，平安致力于围绕车主的上下游，整合汽车后市场的各类资源，形成平安车险服务的生态圈层。

2）互联网保险公司，精耕细作大数据。日前，车车车险联合安心保险推出“按天购买车险”的创新保险，用户使用该产品开一天车付一天保费，不开车不用付保费，无需任何车载硬件，只需通过手机客户端就可以轻松搞定。双方结合大数据、客户端、移动支付、地理定位等技术打破传统“按年买车险”的定价体系，改变传统车险定价规则，为车险用户带来了定制化的使用体验。

3）创新型公司，细分需求百家争鸣。创新型保险公司，由一些互联网公司创立，致力于围绕车险产业链各个环节进行变革。他们有的着力在车主车险智能推荐，有的致力于车主场景化保险需求挖掘，还有的聚焦汽车后市场服务。比如OK车险推出的贴条，车蚂蚁等。一时之间百家争鸣，充满活力。

第二节 UBI保险

6-428 UBI 保险是怎么回事？

UBI（Usage Based Insurance，基于使用量的汽车保险），指通过车载设备收集车主驾驶行为和习惯数据，通过车联网传输至云端，保险公司可对车主的驾车风险做出较精确度量，从而实现修改化定价，UBI车险模式的发展历程如图6-16所示，UBI保险工作过程如图6-17所示。

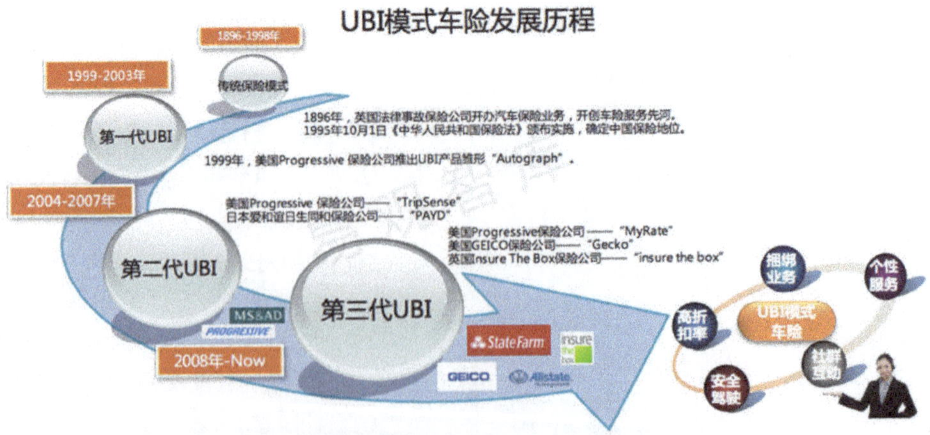

图 6-16　UBI 车险模式的发展历程

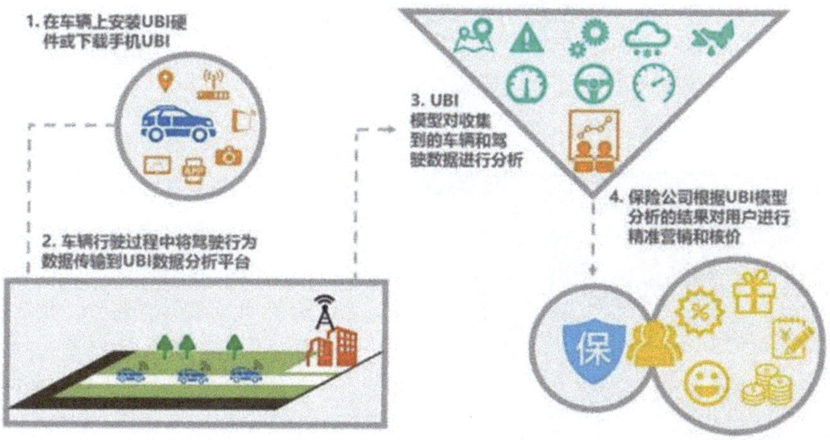

图 6–17　UBI 保险工作过程

作为大数据时代的新型保险，近年来吸引了业界的广泛兴趣。UBI的理论基础是行为表现较安全的驾驶人员应该获得保费优惠。保费取决于实际时间、地点、具体方式或这些指标的综合考量。为记录员的上述行为并关联理赔风险，保险公司在车上安装一个小型车载远程通信设备。UBI产品的功能范畴包括以下几个方面：

1）对安全绿色给予奖励——创建一个积极的消费观。

2）对如何安全并绿色提供指导。

3）附加的相关增值服务，例如自动紧急呼叫、车辆状况监控等。

UBI在欧美已经家喻户晓，在我国目前处于起步阶段。目前主要的模式，如深圳市车米云图科技有限公司UBI车险推广，车米通过汽车UBI保险+OBD车载智能安全硬件+互联网，致力于提高全民行车安全率，打造人、车、生活三位一体完整的生态系统，同时与清华大学、中国亚信达成UBI战略合作等，在UBI领域处于领先地位。

6-429　手机 APP 怎么做 UBI？

APP通过智能手机自带GPS和陀螺仪，记录车主从加速、减速、转弯、速度、人况、路况6个方面的驾驶行为、数据，跟踪驾驶人的驾驶习惯来判断是稳健型驾驶人抑或激进型驾驶人，并将相关数据提供给合作的保险公司。保险公司根据车主驾驶的行为数据调整保费，合理理赔。

一方面，车主行驶在道路上，有很多不可预知的状况发生。不管是驾驶行为记录还是分析，都离不开团队在大数据领域多年的积累与强大的处理能力。在用车领域，根据用车场景的风险点和保险公司订制碎片化场景性的保险，让用户可以方便投保、即时生效、核保核赔自动化，充分降低保险公司的成本和加强车主的保障。

另一方面，在UBI车险的概念还没有大众化的情况下，教育市场增加用户黏性。用户开车前确保GPS处于打开状态，使用斑马行车APP记录行车并评分，单次得分60分以上，即可获得返现。得分越高，返现越多，一天平均可返现5元，一年下来可省下2000元左右的保费。

在APP中，车主还可以查询违章、路况、停车点与贴条点等实用信息，尽量满足车主多样的个性化需求。

6-430　OBD+UBI 是怎么回事?

OBD（On-Board Diagnostic）是随车诊断系统的简称，OBD是汽车内部CAN总线的一个接口（图6-18）。通过这个接口，维修人员可以检测汽车故障，环保机构可以检测车辆排放。由于OBD检测设备可以通过该接口读取车况，比如车速、里程、油耗、机油量以及发动机参数等信息，可以为保险公司提供被保险车辆的驾驶数据，从而建立起精算模型，让保险公司在筛选受保人、制定保险费率及计算赔付时，获得相比以往更加精准的参考。

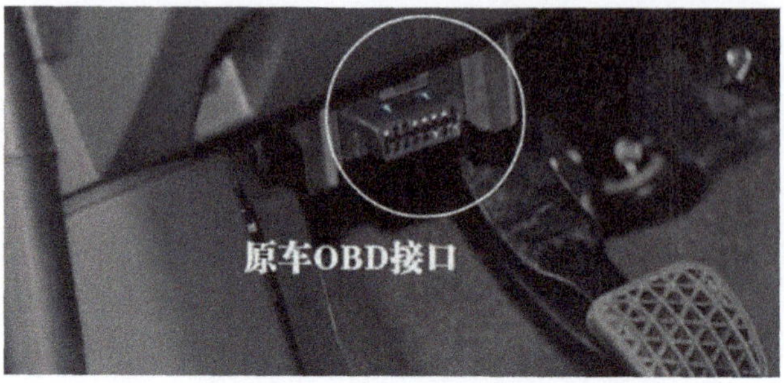

图 6-18　汽车上的 OBD 接口

OBD作为一个数据输出端口，它能提供几千项车辆数据。所以OBD又被寄予了商业化的期望，承担起收集汽车大数据的“任务”，也成为许多公司切入UBI车险的一个入口。腾讯路宝、通易优驾、元征GOLO、领航欣车智通、永泰和车医生、开元智信通、方硕邦途车管家、深圳成为智能等均采用这种模式。

现在保险公司推出的基于OBD的UBI模式中，他们只记录车辆的急制动、急加速以及用车时间三个主要参数来判断驾驶风格。而目前市面上的OBD产品，更多的只是用来提供故障码的诊断和油耗读取，收集到的数据并不能和保险公司需要的行为数据进行有效匹配，OBD的数据并未得到充分利用。

6-431 ADAS+UBI 是怎么回事?

ADAS（Advanced Driver Assistant System）也叫高级辅助驾驶系统。简单来说，利用安装在车上的各式各样传感器，在汽车行驶过程中，它可以感知感应周围的环境，收集数据，进行静态、动态物体的辨识、侦测与追踪，并结合导航仪地图数据，进行系统的运算与分析，从而预先让驾驶人察觉到可能发生的危险。

ADAS分为前装和后装，前装的代表是以色列著名的Mobileye。而国内的ADAS厂商主要是后装设备，代表公司有好好开车的“那狗”、极目智能、腾讯神眼等产品。

ADAS设备既可以全面记录车主的驾驶行为数据，也可以很好地规范驾驶人的驾驶习惯并提前预警。然而很多进口车已经前装了ADAS系统，而且目前后装的ADAS硬件成本与价格相对较高，很多普通车主还不一定会为动辄数千的后装设备买单。

目前，ADAS+UBI更适合运输公司、公交公司这类的运营车辆，光靠补贴显然是远远不够的。当然在未来硬件成本降低后，ADAS+UBI的模式或能真正地爆发。

6-432 UBI 将成为保险公司黏住客户的新武器吗?

监管政策的进一步放开，推动费率市场化和产品创新，构成了UBI在国内快速应用的必要条件。因为基于用户数据、定价模型设计的UBI产品可从多个方面帮助保险公司在新政策环境下优化综合成本率、提升竞争力及盈利能力。

1）风险筛选。利用UBI对客户进行风险筛选，完成保险公司的自我选择效应，提高保险公司的风险识别能力，从而更好地完成市场细分。

2）精准定价。利用车联网大数据进行精准定价，通过车联网大数据对用户风险的识别能力是传统方式的10倍。

3）客户留存。UBI产品能够显著提高保险公司客户黏性，利用驾驶习惯分析建立UBI客户交流平台，引导车主用户关心车险，参与到活动中，提高保险公司与用户的接触频次。

随着车险改革的进一步推动，UBI车险市场将迎来发展的好时机。根据中国国家统计局、兴业证券研究所联合发布的数据报告，到2020年国内将有30%~40%的车主成为UBI的客户。按照兴业证券预估，如果车险费率市场化全面放开，UBI的渗透率在2020年将达到25%，市场规模接近3000亿元。未来，UBI将成为保险公司收入的重要组成部分。

6-433 保险公司如何抓住 UBI 带来的机会?

（1）尽早全面布局移动互联网+UBI战略

在国外，美国的Progressive保险公司是UBI车险的市场先行者。引入UBI业务后，Progressive公司的UBI项目保费收入及渗透率逐渐提高，其盈利能力不断增强，排名跃居美国第二名。完成了以Snapshot为核心的UBI产品形态后，2015年9月在美国芝加哥全球UBI展会上，Progressive的UBI总经理DavidPratt发布了基于手机APP+VAS（Value-addedservice，增值服务）的UBI创新产品，彰显了Progressive布局移动互联网的野心。

在国内，2015年，平安产险发布了3.0战略时代，平安好车主APP是一个涵盖车保险、车服务、车生活的互联网车主服务平台，为广大车主提供聚合式、“一站式”的用车消费体验。平安好车主的不断创新也正是对UBI保险的探索和尝试。作为平安好车主APP重点打造的功能模块，“平安行”功能通过“手机模式”以及“OBD模式”记录驾驶行程、驾驶行为，对车主驾驶风险做出综合评估和打分，该功能将驾驶评分转变为“万里通积分”，通过回馈真正实现“开车赚钱”的理念。截至2015年6月，平安好车主APP用户数已突破1500万，同比增长276%。

在移动互联网大背景下，UBI将会对车险行业产生深刻的变局。很多人片面地认为UBI是一种技术，是一个单纯的定价模型，是保险降价的一个利器，而真正的UBI应该是围绕车险产品创新、渠道创新、服务创新以及体验创新的高度的、全面的发展战略。从整体发展来看，国内各家保险公司都意识到UBI的市场潜力，通过不同的方式和手段来“试点”UBI，意图抢占市场。但从战略高度看，至少到目前为止，中国车险企业布局UBI的战略方向还不够清晰。

（2）寻求最强的合作伙伴，实现UBI落地

国内车险企业希望利用UBI完成产品创新、提升用户体验和黏性，则需制定更长远、更统一的UBI战略来进行市场布局。对于无全面综合能力的保险公司，需要选择更专业的第三方公司合作，如战略咨询公司、TSP公司（我们强调本土作战能力）、后市场服务公司等，联合产业链上的最优资源强有力地推进和执行UBI战略，并在过程中不断调整和优化，实现UBI对保险公司产生的“终极”价值（图6-19）。

总而言之，商业车险费率改革对于保险行业的创新和发展能力提出了考验，UBI则在车险改革中对保险的深度和广度进行更全面的覆盖，根据国外UBI发展经验以及UBI技术在国内多年的发展和储备，借力UBI布局新一轮市场竞争可以说是目前产险企业较为正确，以及有可预见性的选择。可以预见，未来将会有越来越多的保险行业借力UBI，在产品创新、渠道创新和服务体验上加大竞争力度，随着费改的深化改革以及UBI发展，未来3~5年内，车险行业格局将会产生新一轮深刻的变化。

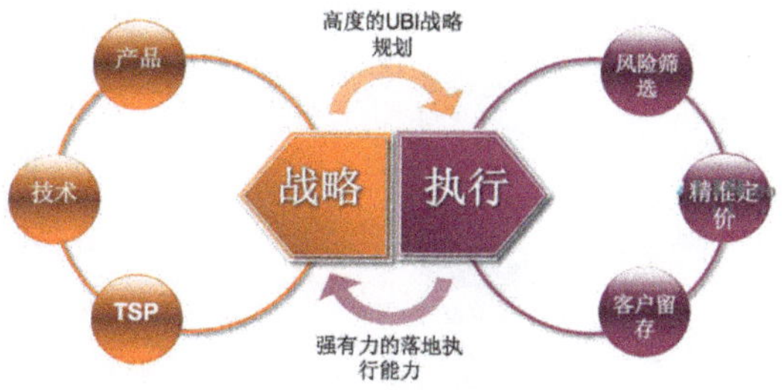

图 6-19　寻求最强的合作伙伴实现 UBI 落地

6-434 商车费改革后将怎样实现差异化定价?

如图6-20所示，保险差异化定价的基础是将消费者的驾驶行为、理赔和违规记录、车辆零配件价格、维修成本等因素都列为风险因子，特别是历史出险次数、开车习惯等。那些开车习惯好、出险频率低的车主只需支付较少的保费，而那些开车习惯不好、每年出险的车主来年保费可能要贵几倍。这种定价方式体现了车险的公平性，也更有利于保险公司处理索赔程序。

而传统车险定价模型由于因子维度不足，尤其缺少“从人”信息，导致模型的准确性受到影响。使用联网技术可以获得实时的用户数据，丰富“从人”信息，提升模型的预测效果，真正实现差异化、精细化定价。

UBI就是通过远程信息技术采集大量驾驶行为数据，通过综合分析车、路、人、时间、环境数据来测算风险的定价模式。UBI分析模型能够详细地反映客户的真实驾驶情况，判断客户的风险水平，客户得到的驾驶评分越高，说明风险越低，就能享受到更多的保险优惠政策。

图 6-20 商车费改后将实现差异化定价

6-435 UBI 怎样帮助保险公司优化现有业务模式?

对保险公司来说，首要考虑的是获取用户，特别是优质用户。如图6-21所示，通过UBI分析，从承保阶段就能预判用户风险，告诉保险公司哪些是驾驶习惯好的客户，可以给他们提供更多的折扣。哪些用户的驾驶习惯不好，需要加强风险控制；客户也通过UBI获得了保费优惠和多种感兴趣的服务。这样，不仅能提升客户黏性和续保率，还能为保险公司开展其他销售活动提供机会。

UBI客户交流平台还能给客户提供驾驶行为分享、讨论、比拼，满足客户的好奇心理和比较心理，引导他们积极参与保险公司的互动。这些用户容易成为保险公司的活跃客户群，这也有利于保险公司探索新的业务模式。

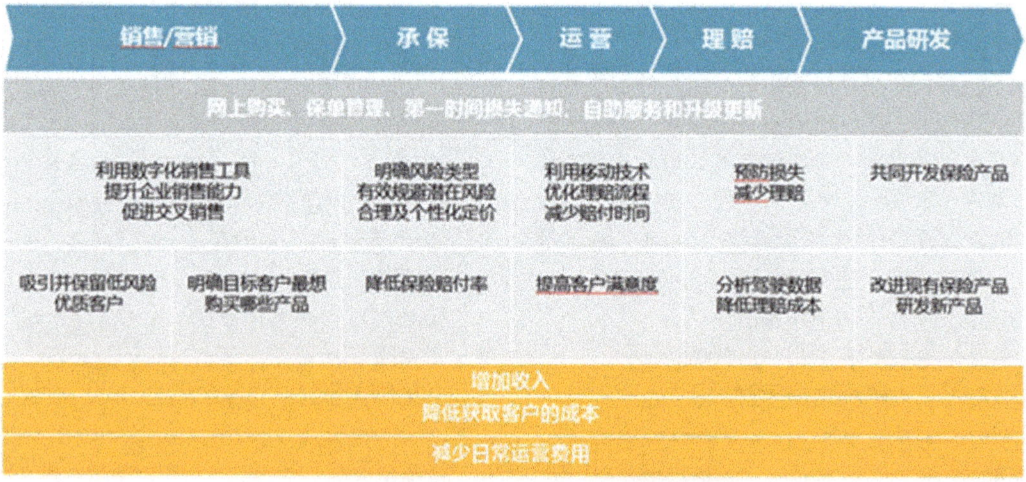

图 6-21 UBI 能帮助保险公司优化现有业务模式

6-436 UBI 怎样帮助保险公司探索创新业务模式?

如图6-22所示，互联网和大数据带来了新的生活方式，同时也衍生出了新的保险需求和一些难以有效管理的风险。例如，现在共享出行越来越成为人们出行趋势，很多人出门不再开车或打车，而是选择专车或拼车，很多私家车主也会在上下班时载一两个顺路的乘客。但是私家车运营不仅增加了车辆损耗，也增加了事故发生频率，给保险公司带来了不小理赔损失。对驾驶人来说，由于出险次数增多，可能会导致第二年保费大幅提升，或者被保险公司发现因车主私自载客而导致拒赔。

通过UBI计划，对驾驶人的风险做出精确判断，可以设计出有针对性的保险产品。驾驶人也能通过驾驶评分获得正向引导，增加安全意识，降低事故风险。一旦发生事故，还能通过第一时间损失通知，传送和分析事故当时的数据，判断事故严重程度和真实性，帮助保险公司降低损失、减少欺诈案件的发生。而让客户得到快速的赔付处理，对各方来说都是受益的。

保险公司还可以基于GPS和天气、道路情况对进入风险区域的客户推送预警信息以减少风险发生，或提前准备道路援助和出险服务，甚至联合整车厂和后市场公司定制维修和服务，满足客户的个性化需求。

图 6-22 UBI 帮助保险公司探索创新业务模式

6-437 智能手机将成为 UBI 的主要承载形式吗?

根据最新的UBI车险全球调查预测，到2020年，全球的UBI保单将达到1亿个。而我国作为全球第三大保险市场，一旦政策完全放开，相信这一数字将远不止1亿个。欧美发达国家涉足UBI已经有十多年的时间，经过了几个发展阶段，技术相对成熟。基于UBI的数据和定价，保险公司能够将产品进一步细分，满足更多消费者的需求，同时将赔付成本控制在相对较低的水平，从收入和成本两方面增加实际利润。那些没有选择推出UBI计划的保险公司将可能面临着失去市场份额和更高赔付率的风险。我们应该借鉴国外的经验，快速在国内推动UBI的实施。

很多人认为UBI就是OBD，其实不管是OBD、行车记录仪、后视镜，或者导航设备，最后到手机，都只是UBI的数据源之一。手机UBI产品是最低成本的解决方案，只需要依赖手机APP就能实现驾驶行为数据收集和分析，无须额外加装成本。同时，还可通过SDK与既有的APP进行集成，实现用户驾驶行为数据的实时收集和分析，并通过对用户驾驶行为的反馈和运营激励进行正向引导，提升驾驶安全。

6-438 UBI 怎样拓展以用户为中心的推广渠道?

单纯的UBI数据分析可以督促驾驶人养成良好的驾驶习惯，如果将其和保险经营挂钩，还可协助保险公司进行客户风险状况的收集、分析、识别，从而为用户“量身打造”基于驾驶行为习惯的保险产品。未来保险公司的业务模式将不再是以保险公司为中心，以渠道推广为主的B2C、B2B2C模式，而是将发展成用户参与度高（图6-23）的C2B2C模式，借助数字化技术向客户提供精准化、个性化服务。

例如，在保单有效期之内，及时为客户提供反馈意见，告诉他们驾驶习惯怎样，鼓励他们采用更好的驾驶方式，提醒减少燃料的消耗，推送服务消息等。还可以从车载或手机导航信息中获得客户的出行信息和消费偏好，向客户推荐沿途的加油站信息和餐厅附近的休闲娱乐服务。或者当客户要赶去机场，可以根据目的地距离，预计抵达时间和路况提供“误车险”“误机险”等。只有给用户创造了价值，用户才会愿意跟你玩。

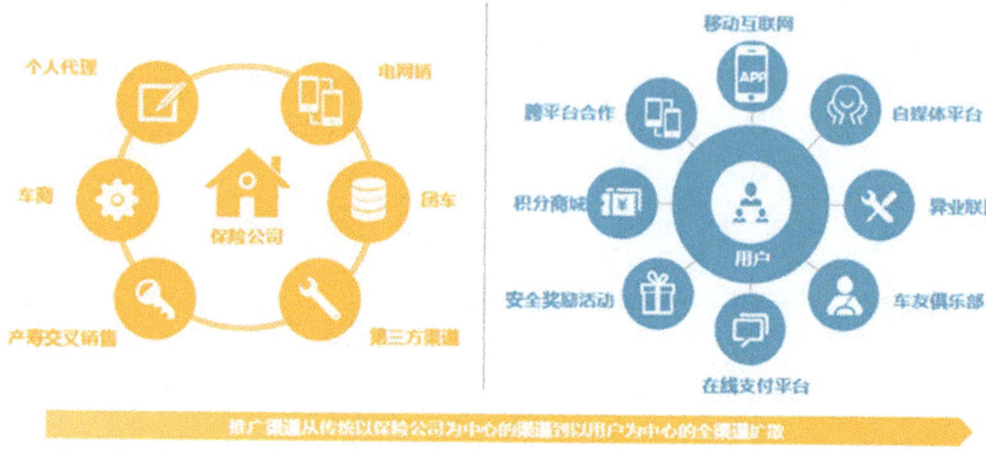

图 6-23 UBI 拓展以用户为中心的推广渠道

6-439 UBI 可以延伸到车险以外的寿险和健康险领域吗？

如图6-24所示，UBI产品不仅能直接引发车险行业的变革，还将延伸到其他财产险，甚至意外险和人寿保险的领域。通过各种各样的可穿戴设备，比如健身运动的手环手表，对客户的健康状况进行监控管理，既能帮助客户养成良好的生活方式，降低疾病风险，还能让他们享受到免费或者优惠的保险服务；而寿险和健康险公司也降低了赔付率，同时通过收集有价值的用户数据，调整风险模型，更准确地计算保险费率。

保险市场竞争非常激烈，每家都在打价格战，要想争取最优质用户，只有依靠获取更多精准有用的数据，建立优秀的定价能力和风险控制能力才能实现，这也是UBI的核心价值所在。

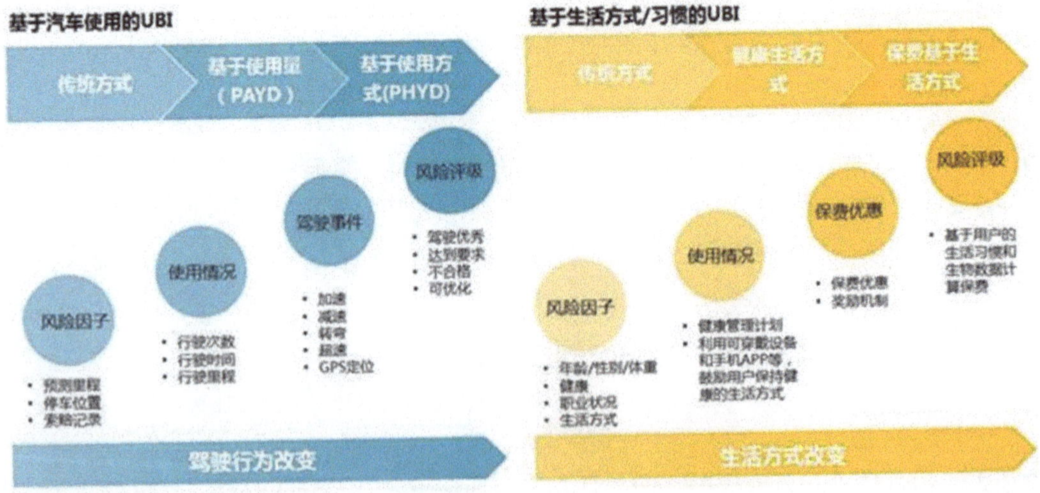

图 6-24 UBI 延伸到车险以外的寿险和健康险领域

6-440 车联网会密切影响众多保险产业链吗?

传统模式下，汽车服务的原始定义就是车辆维修、保养以及各种电子器件的集成服务。而汽车联网带来了一系列的技术创新，如泊车辅助、自适应巡航控制、盲点辅助、防碰撞和改善夜视能力等。

如图6-25所示，汽车本身也成为各种服务的载体。车主可通过智能语音和联网技术，实现拨打电话、设置导航、感知路况等，这些服务数量与类型也正在变得更加多元化，包含了从无线下载更新到按需出行叫车、代驾、代泊等服务。

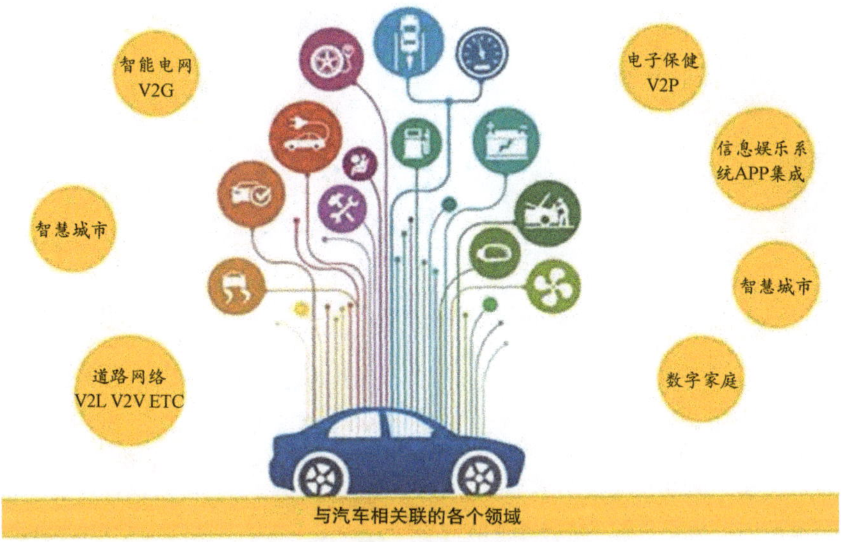

图 6-25 车联网密切影响众多保险产业链

6-441 UBI 需要开放的合作模式吗?

目前，国内的保险公司已经针对UBI开始试点，学习核心技术，收集研究客户反馈，完善产品体系+数据分析模型；车联网技术供应商也主动向保险行业推荐UBI相关服务，部分已具备基本技术和渠道资源；而大型互联网公司借助自身强大的客户基础，正在探索车联网UBI的平台价值；移动运营商也在迈进这一领域，希望将移动网络服务打造为UBI供应链中的价值枢纽；汽车制造商也在积极研发智能车辆，希望成为未来UBI数据和服务的核心提供者。各利益相关方都需要坚持以用户为中心，相互协作产生合力，才能发挥出最大的作用。

第三节 保险APP

6-442 保险行业 APP 是怎么回事?

随着移动互联网的飞速发展和智能手机的普及，各大保险公司纷纷借助移动互联网创新服务模式，推出保险移动信息解决方案，通过手机终端实现保险业务流程提醒、险种推荐、客户情感沟通，进行移动展业、查勘理赔等。

保险行业APP应用程序的推出，一方面为客户提供了一个更加便捷、高效的沟通和服务渠道；另一方面提供了标准化的服务内容，保险行业APP的优点如图6–26所示。

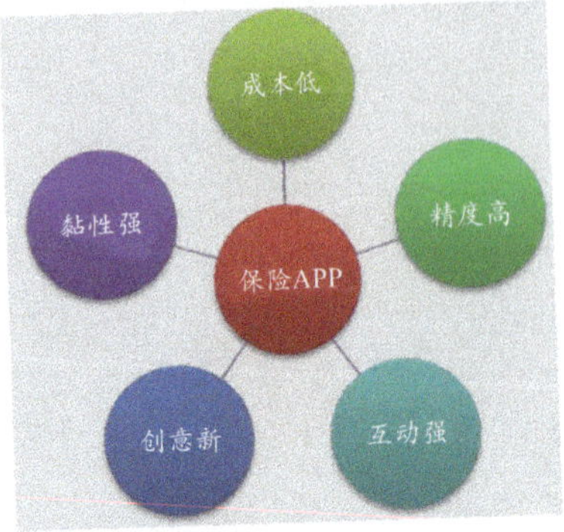

图 6–26　保险行业 APP 的优点

6-443　APP 能为保险行业做什么？

1）实现人机互动，极大地增强了产品的体验功能，大大提高了保险产品销售的专业性、品质感与规范性。

2）通过APP保险销售人员将更为方便地为客户测算保险利益，高效地提出保险计划书，完善保险销售手段。

3）APP将创新保险销售—购买模式，让客户做有准备的购买者，进而使销售过程更为透明、合规、有效。

4）APP的出现有助于保险行业产品转型、客户关系维护、营销模式创新，实现“以客户为中心”战略思想转变。

6-444　APP 能为保险公司做什么？

保险行业APP（图6–27）为保险公司在瞬息万变的商海中搭建了全新的快捷、稳定的沟通平台。同时也为保险公司在移动互联网上树立形象、拓展经营渠道、扩大对外交流、开展电子商务开辟了一条省时省力而又方便快捷的途径。APP保险产品互动工具实质上给予了公司在产品转型、客户关系、营销模式、合规经营等方面的诸多创新和经营理念，是公司“以客户为中心”战略思想在产品方面的综合体现。

图 6–27　网易车险 APP

6-445　APP 能为用户做什么？

如图6–28所示，用户只要下载保险APP客户端，就能了解相关行业资讯，方便快捷。同时为用户提供关于保险的相关服务，包括价格、年限、知识更新、保险交流、保险资讯等一系列的相关介绍，是客户可以信赖的、专注于为人们购买保险提供最佳体验。

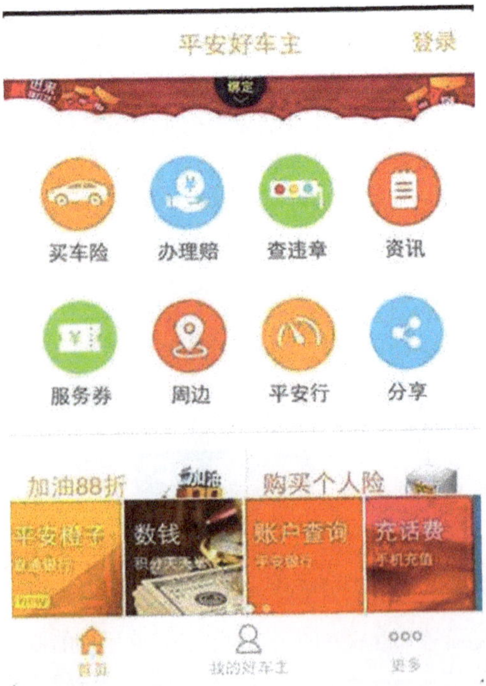

图 6–28　APP 为用户提供的服务

6-446 如何进行 APP 运营推广？

APP运营推广包括以下方面。

（1）宣传

1）海报、名片及宣传资料等物料中增印APP的二维码（图6-29），让客户主动下载。

2）用户咨询时，保险公司客服人员主动推荐客户下载。

3）便捷的在线咨询，吸引及激活用户群。

（2）网络

1）专属网络地址提供下载。

2）主流的应用商店可下载APP。

3）各大搜索引擎搜索下载。

（3）首发

1）360等主流市场首发活动。

2）114广告平台推广。

图 6-29　最惠保 APP 二维码

6-448 车险 APP 的出单过程是怎样的？

车险APP的出单过程如图6-31所示。

第一步：输入正确的车牌号码和车主姓名。

第二步：自动显示车辆信息并核对。

第三步：报出价格并自由选择承保项目。

车险APP的成单过程如图6-32所示。

第一步：确认投保信息及配送信息。

第二步：线上支付。

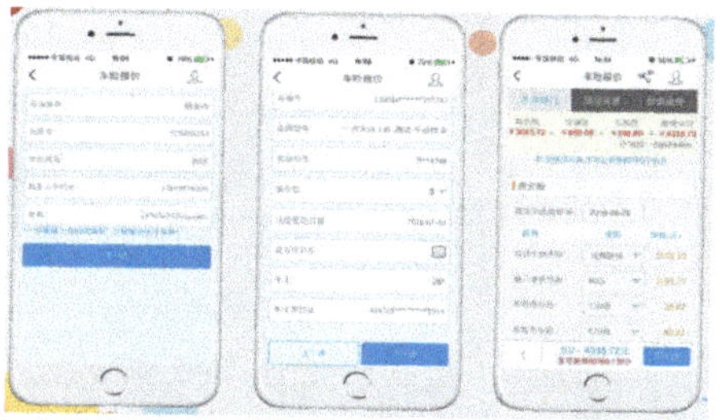

图 6-31　车险 APP 的出单过程

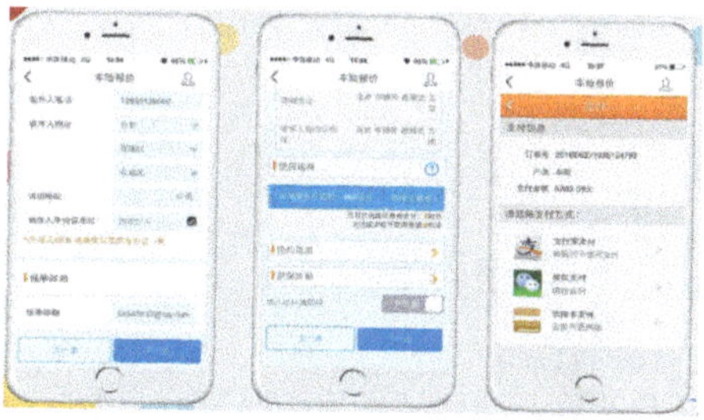

图 6-32　车险 APP 的成单过程

6-447 保险行业 APP 功能架构是怎样的？

保险行业APP功能架构如图6-30所示。

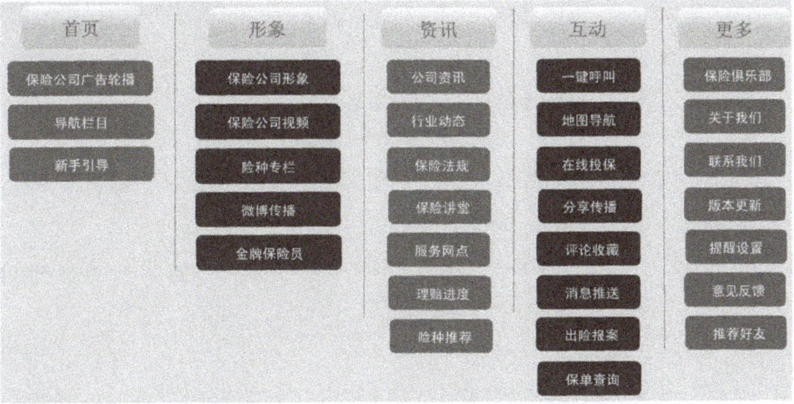

图 6-30　保险行业 APP 功能架构

CHAPTER

第七章

近几年来车险新变化

第一节 新示范条款解读

7-449 车险改革的第一阶段历程是怎样的?

从2011年初到2012年3月行业协会发布协会条款。商车改革的重点是在条款上解决"无责不赔"(图7-1)、"高保低赔"等舆论针对问题，同时在配套费率上进行相应的调整。

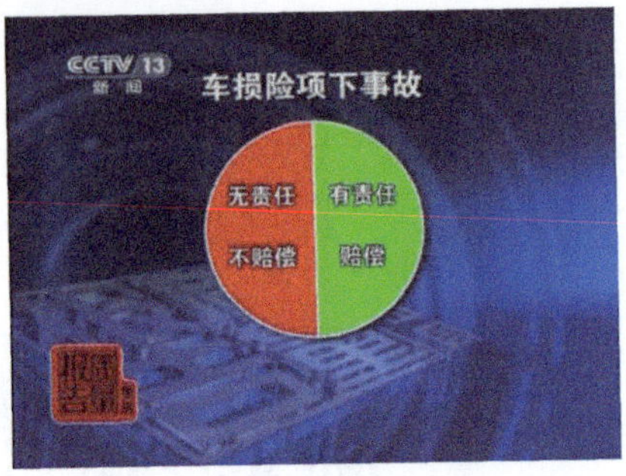

图 7-1 央视曝光的车险霸王条款

改革初步确定了三步走策略：

1）首先使用行业协会示范条款、并通过车险信息平台积累数据，测算协会条款纯损失率，供保险公司参考、使用。

2）符合条件的保险公司可在协会条款基础上增加保险责任，不能减少责任。

3）符合条件的保险公司（偿付能力、综合成本率），开发自有条款、费率。

7-450 车险改革的第二阶段历程是怎样的?

2015年2月3日，随着中国保监会《关于深化商业车险条款费率管理制度改革的意见》(简称《意见》)公布，新一轮商业车险改革正式启动。3月20日，中保协出台了《机动车辆商业保险示范条款（2014版）》。6月1日，商业车险改革在黑龙江、山东、广西、重庆、陕西、青岛6个试点地区相继落地（图7-2）。12月，商车改革将新增12个试点地区：吉林、湖北、内蒙古、河南、广东、天津、新疆、青海、宁夏、安徽、四川、湖南。分三批上线，上线时间分别为：12月4日，12月11日，12月18日。

图 7-2 车险改革的实施阶段

7-451 车险费率改革基本原则是怎样的?

1）坚持市场化方向。

2）保护保险消费者合法权益。

3）积极稳妥推进改革。

7-452 车险费率改革的主要目标是怎样的?

建立健全科学合理、符合我国国情的商业车险条款费率管理制度。以行业示范条款为主体，创新型条款为补充，建立标准化、个性化并存的商业车险条款体系。以大数法则为基础，市场化为导向，逐步扩大财产保险公司商业车险费率厘定自主权。以动态监管为重点，偿付能力监管为核心，加强和改善商业车险条款费率监管。

7-453 车险费率改革后条款体系有哪些变动?

改革后的商业车险高端、基本条款以综合险条款为基础，缩减或扩大保险责任、责任免除。高、中、低三套条款体系共存，将丰富条款种类，赋予保险消费者选择权。同时，将有助于社会大众深化理解保险风险和费率匹配的关系。改革后的商业车险条款如图7–3所示。

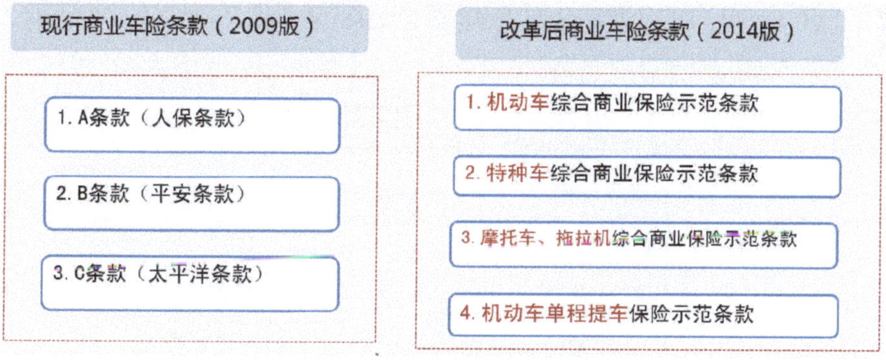

图 7–3　条款体系改革前后的变化

7-454 改革后的示范条款体系变化是怎样的?

改革后的示范条款体系变化如图7–4所示。

图 7–4　改革后的示范条款体系变化

7-455 改革后的示范条款架构变化是怎样的？

改革后的示范条款架构变化如图7-5所示，优化了条款结构，便于消费者理解。

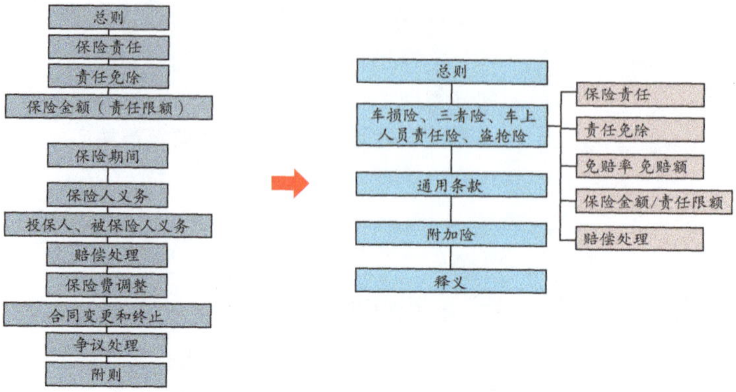

图 7-5　改革后的示范条款架构变化

7-456 改革后的示范条款附加险是怎样整合的？

如图7-6所示，行业示范条款将现行A款的28个附加险及特约条款整合为11个附加险，扩大了主险承保范围。

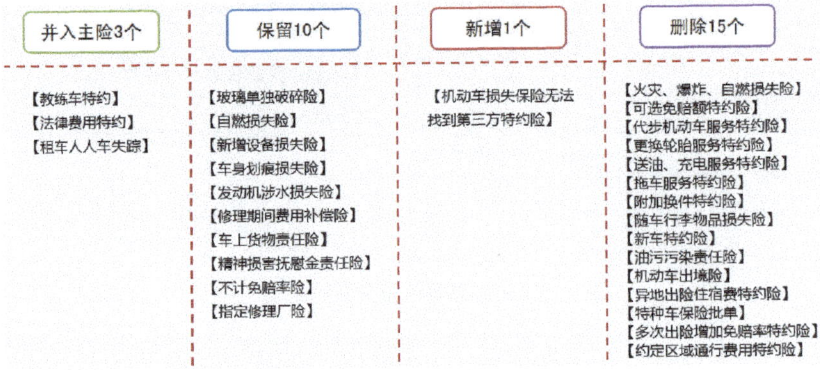

图 7-6　示范条款附加险的整合

7-457 改革后的示范条款的附加险有哪些？

改革后的商业车险条款附加险的种类如图7-7所示。

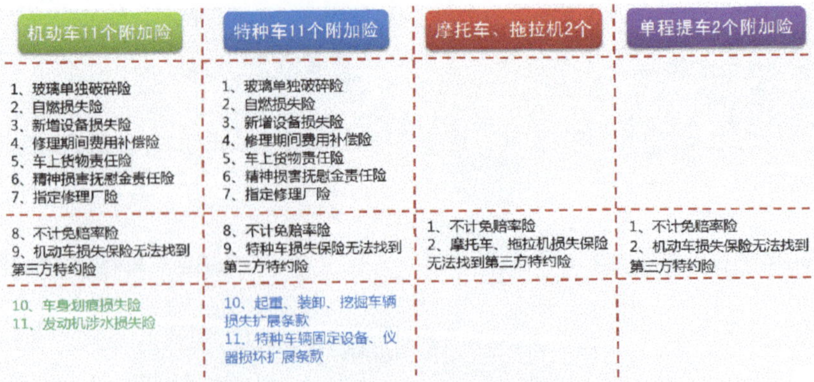

图 7-7　改革后的商业车险条款附加险的种类

7-458 改革后主险和附加险的对应关系是怎样的?

改革后主险和附加险的对应关系如表7-1所示。

表 7-1　改革后主险和附加险的对应关系

险别	机动车产品体系（含挂车）				可投保不计免赔率险的附加险
主险	车损险	三者险	车上人员责任险	盗抢险	
附加险	玻璃单独破碎险 自燃损失险 新增加设备损失险 车身划痕损失险 发动机涉水损失险（仅适用于家庭自用汽车、党政机关、事业团体用车、企业非营业用车） 修理期间费用补偿险 不计免赔率险 机动车损失保险无法找到第三方特约险 指定修理厂险	车上货物责任险 精神损害抚慰金责任险 不计免赔率险	精神损害抚慰金责任险 不计免赔率险	不计免赔率险	自燃损失险 新增加设备损失险 车身划痕损失险 发动机涉水损失险 车上货物责任险 精神损害抚慰金责任险

7-459 示范条款主要变动有哪些?

与公司现行条款相比,《示范条款》主要在以下9个方面发生变化。

1）统一总则，统一定义：机动车、第三者、车上人员。

2）增加保险责任、减少责任免除。

3）调整免赔比例，单列免赔率/额。

4）修订保险金额，怎么保怎么赔。

5）体现代位追偿，提供三种赔偿方式。

6）调整双方义务：删除或调整。

7）简化索赔资料：车损、盗抢。

8）整合附加险种。

9）其他变化。

7-460 示范条款各险种责任免除中统一修改的内容有哪些?

示范条款各险种责任免除中统一修改的内容见表7-2。

表 7-2 示范条款各险种责任免除中统一修改的内容

内容	2009版条款	2014版示范条款	区别
责任免除	第六条　下列情况下，不论任何原因造成被保险机动车损失，保险人均不负责赔偿 （四） 利用被保险机动车从事违法活动 （六） 事故发生后，被保险人或其允许的驾驶人在未依法采取措施的情况下驾驶被保险机动车或者遗弃被保险机动车逃离事故现场，或故意破坏、伪造现场、毁灭证据 （七） 驾驶人有下列情形之一者： 1、无驾驶证或驾驶证有效期已届满 2、驾驶的被保险机动车与驾驶证载明的准驾车型不符 3、持未按规定审验的驾驶证，以及在暂扣、扣留、吊销、注销驾驶证期间驾驶被保险机动车	第八条　在上述保险责任范围内，下列情况下，不论任何原因造成被保险机动车的任何损失和费用，保险人均不负责赔偿： （二）驾驶人有下列情形之一者： 1、事故发生后，在未依法采取措施的情况下驾驶被保险机动车或者遗弃被保险机动车离开事故现场 （三）被保险机动车有下列情形之一者： 4、被保险人或允许的驾驶人故意或重大过失，导致被保险机动车被利用从事犯罪行为	1、将“驾驶人、机动车有下列情形之一者”进行了总结，体例更加清晰，结构更为合理 2、“损失”变为了“损失和费用” 3、原约定为“利用被保险机动车从事违法活动”，现变更为“被保险人或允许的驾驶人故意或重大过失，导致被保险机动车被利用从事犯罪行为。”原约定并没有区分被保险人的心理状态，不太合理，也过于绝对 4、将“逃离事故现场”变为了“离开事故现场”，避免实践中因难以对“逃逸”主观心理状态进行证明产生的理赔纠纷 5、删除“驾驶证有效期已届满”及“持未按规定审验的驾驶证”

7-461 示范条款各险种责任免除中的变化有哪些?

1）删除了所有兜底条款（如“其他不属于保险责任范围内的损失和费用”），所有的责任免除均清晰列明，兜底条款在法院判例中很难起到实质性的作用。

2）对于商三险和车上人员责任险，增加“超出《道路交通事故受伤人员临床诊疗指南》和国家基本医疗保险同类医疗费用标准的费用部分”。

3）增加协商修理项目、方式和费用，对于未协商确定的，导致损失项目无法重新核定的损失。

4）统一各主险的事故责任免赔率与商三险取齐。即将车损险、车上人员责任险的事故责任免赔率由“5%、8%、10%、15%”提高到“5%、10%、15%、20%”。

5）各主险均删除指定驾驶人和约定行驶区域的免赔率约定（现核保系数不包括“投保时指定驾驶人和投保时约定行驶区域”两项）。

6）增加绝对免赔额的约定（原可选免赔额特约条款，费改后纳入费率系数供被保险人选择）。

7-462 示范条款各险种通用条款中的变化有哪些?

示范条款各险种通用条款中的变化如表7-3所示。

表 7-3 示范条款各险种通用条款中的变化

内容	2009版条款	2014版示范条款	区别
合同变更与终止	第三十四条 保险责任开始前，投保人要求解除本保险合同的，应当向保险人支付应交保险费5%的退保手续费，保险人应当退还保险费	第六十八条保险责任开始前，投保人要求解除本保险合同的，应当向保险人支付应交保险费金额3%的退保手续费，保险人应当退还保险费。保险责任开始后，投保人要求解除本保险合同的，自通知保险人之日起，本保险合同解除。保险人按日收取自保险责任开始之日起至合同解除之日止期间的保险费，并退还剩余部分保险费	“保险责任开始前，投保人要求解除本保险合同的退保手续费”由5%下调为3%
其他事项	因履行本保险合同发生的争议，由当事人协商解决。协商不成的，提交保险单载明的仲裁机构仲裁。保险单未载明仲裁机构或者争议发生后未达成仲裁协议的，可向人民法院起诉	第六十九条因履行本保险合同发生的争议，由当事人协商解决，协商不成的，由当事人从下列两种合同争议解决方式中选择一种，并在本保险合同中载明：（一）提交保险单载明的仲裁委员会仲裁；（二）依法向人民法院起诉	将争议解决方式修改为“法院或仲裁机构二选一”，避免产生“仲裁优先”的印象

7-463 车损险的保险责任的主要变化点是怎样的？

车损险的保险责任的主要变化点见表7-4。

表 7-4 车损险的保险责任的主要变化点

内容	2009版条款	2014版行业示范条款	区别
保险责任	车损险：第四条（一） 碰撞、倾覆、坠落 （二） 火灾、爆炸 （三） 外界物体坠落、倒塌 （四） 暴风、龙卷风 （五） 雷击、雹灾、暴雨、洪水、海啸 （六） 地陷、冰陷、崖崩、雪崩、泥石流、滑坡 （七） 载运被保险机动车的渡船遭受自然灾害（只限于驾驶人随船的情形）	车损险：第六条（一）碰撞、倾覆、坠落 （二）火灾、爆炸 （三）外界物体坠落、倒塌 （四）雷击、暴风、暴雨、洪水、龙卷风、冰雹、台风、热带风暴 （五）地陷、崖崩、滑坡、泥石流、雪崩、冰陷、暴雪、冰凌、沙尘暴 （六）受到被保险机动车所载货物、车上人员意外撞击 （七）载运被保险机动车的渡船遭受自然灾（只限于驾驶人随船的情形）	1、“雹灾”变为了“冰雹” 2、增加了台风、热带风暴、暴雪、冰凌、沙尘暴；删除海啸 3、增加了“受到被保险机动车所载货物、车上人员意外撞击” 4、非营业用车中减少了“自燃” 5、营业用车增加了“火灾、爆炸”责任
	第五条 发生保险事故时，被保险人为防止或者减少被保险机动车的损失所支付的必要的、合理的施救费用，由保险人承担，最高不超过保险金额的数额	第七条 发生保险事故时，被保险人或其允许的驾驶人为防止或者减少被保险机动车的损失所支付的必要的、合理的施救费用，由保险人承担；施救费用数额在被保险机动车损失赔偿金额以外另行计算，最高不超过保险金额的数额	明确了施救费用的计算：增加“施救费用数额在被保险机动车损失赔偿金额以外另行计算，最高不超过保险金额的数额”

7-464 车损险对责任免除的修改内容有哪些？

车损险对责任免除的修改方面，首先是整体结构的变化：清晰的分为违法违规行为、原因导致、损失和费用三部分。

1）家用车和非营业用车增加“违反安全装载规定”。

2）对违反安全装载规定但不是事故发生的直接原因的，将原5%的绝对免赔率修改为10%。

3）非营业用车中删除“自燃仅造成电器、线路、供油系统、供气系统的损失”（营业、家用、非营业用车损险条款合并，保险责任均包含火灾爆炸，不含自燃，因此不必对自燃设定责任免除）。

4）删除“被保险机动车所载货物坠落、倒塌、撞击、泄漏造成的损失。”属于原车载货物掉落责任附加险的赔偿范围，此次修订，纳入到主险的责任范围中。

5）营业用车和非营业用车中删除“使用各种专用机械车、特种车的人员无国家有关部门核发的有效操作证”。

6）将“发生保险事故时被保险机动车无公安机关交通管理部门核发的行驶证或号牌”改成“发生保险事故时被保险机动车的行驶证、号牌被注销”（解决“未上牌不赔”问题）。

7）增加“核反应、核辐射”“本身质量缺陷”导致的车辆损失。

7-465 车损险的索赔方式有哪些？

如图7-8所示，车损险明确了因第三方造成的保险事故，有三种索赔方式。

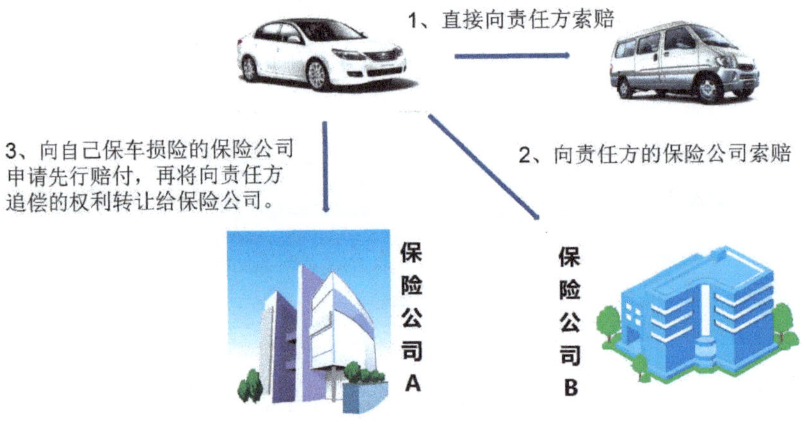

图 7-8 车损险的索赔方式

7-466 代位追偿有哪些变动？

“代位追偿”适用于被保险人投保车损险且发生车损险保险责任范围内的事故，事故责任明确，未得到责任对方的赔偿，保险公司依据保险合同约定先行赔付，并在赔偿金额范围内获得代位追偿的权利，而被保险人应当按照法律规定积极协助保险公司进行追偿。

取消关于依据事故责任比例承担保险责任的内容，维护被保险人的权益，根据相关法律法规，提供多种赔偿方式（图7-9）。

选择之一：保险人应积极协助被保险人向第三方进行索赔。

选择之二：如第三方怠于请求的，被保险人可直接向第三方机动车保险人进行索赔。

选择之三：被保险人也可以直接向本保险人索赔，保险人在保险金额内先行赔付被保险人，并在赔偿金额内代位行使被保险人对第三方请求赔偿的权利。

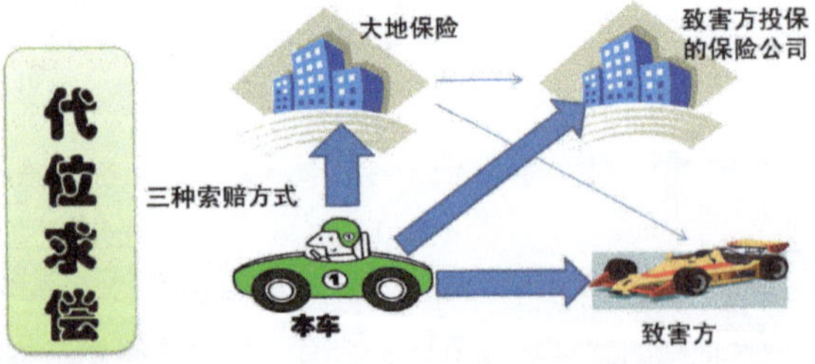

图 7-9 代位追偿的三种索赔方式

7-467 最新示范条款代位追偿的赔偿处理及具体计算公式是怎样的?

最新示范条款代位追偿的赔偿处理及具体计算公式如表7-5所示。

表 7-5 最新示范条款代位追偿的赔偿处理及具体计算公式

内容	2009版条款	2014版示范条款
赔偿处理	责任免除 第七条(十四) 应当由机动车交通事故责任强制保险赔偿的金额 赔偿处理 第二十六条 保险人依据被保险机动车驾驶人在事故中所负的事故责任比例，承担相应的赔偿责任	赔偿处理 第十八条 因第三方对被保险机动车的损害而造成保险事故，被保险人向第三方索赔的，保险人应积极协助；被保险人也可以直接向本保险人索赔，保险人在保险金额内先行赔付被保险人，并在赔偿金额内代位行使被保险人对第三方请求赔偿的权利
具体计算公式	赔款= (实际价值/实际修理费用−由机动车交通事故责任强制保险赔偿的金额−被保险人已从第三方获得的赔偿金额) ×事故责任比例 ×(1−事故责任免赔率) ×(1−绝对免赔率之和) −绝对免赔额	赔款= (保险金额/实际修理费用−被保险人已从第三方获得的赔偿金额) ×(1−事故责任免赔率) ×(1−绝对免赔率之和) −绝对免赔额

7-468 举例说明代位追偿的赔偿处理新旧条款有哪些不同?

例：客户A在甲保险公司投保商业车损险，客户B在乙保险公司投保，发生保险事故，客户A无责，客户B全责，客户A车损5000元。

修改后。

情形一：客户B在乙保险公司投保交强、商三险，甲保险公司在车损险项下先行代赔5000元，后向客户B承保公司乙保险公司追偿，其中2000元从交强险项下追偿；其余3000元从商业三者险下追偿，实现行业间的追偿清算。

情形二：客户B在乙保险公司投保交强险，甲保险公司在车损险项下先行代赔5000元，后向客户B承保公司乙保险公司追偿，其中2000元从交强险项下追偿；其余3000元向客户B本人追偿。

情形三：客户B未参加保险，甲保险公司在车损险项下先行代赔5000元，后向客户B本人追偿5000元。

修改前：客户A无责，甲保险公司无须理赔。

7-469 车损险保额确定方式有哪些变化?

如图7-10所示，车损险保额确定方式修订为按投保时被保险机动车的实际价值确定。如图7-11所示，保险金额按实际价值确定，解决了“高保低赔”问题。

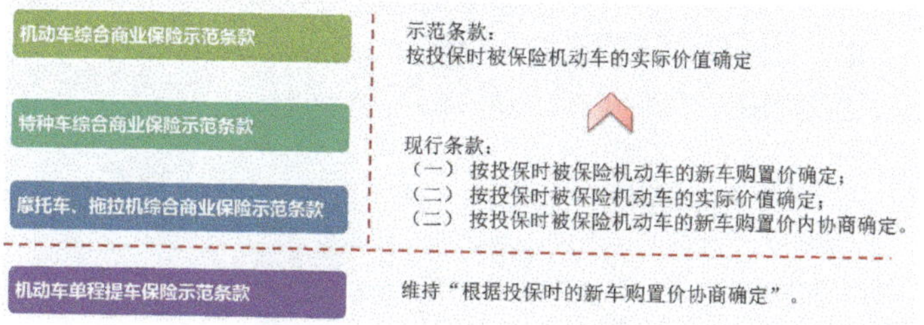

图 7-10 车损险保额确定方式

图 7-11 车损险的保险金额

7-470 示范条款与现行条款车损险保险金额及赔偿处理对比有哪些变化？

示范条款与现行条款车损险保险金额及赔偿处理对比如表7-6所示。

表 7-6 示范条款与现行条款车损险保险金额及赔偿处理对比

内容	2009版条款	2014版示范条款
不足额投保	可以，比例赔付	无
新车购置价	含车辆购置税	不含车辆购置税
赔偿处理	1、按照新车购置价投保： 发生全部损失时，在保险金额内计算赔偿；发生部分损失时，按核定修理费用计算赔偿，但均不得超过保险事故发生时被保险机动车的实际价值 2、按照实际价值或协商确定保险金额的： 发生全部损失时，在保险金额内、以不超过实际价值计算赔偿；发生部分损失，按保险金额与投保时新车购置价的比例计算赔偿，但不得超过实际价值	全部损失按照保额赔付；部分损失在保额内按照实际修复费用计算赔偿

7-471 第三者责任险的主要变化点在哪里？

如图7-12所示，第三者责任险的主要变化点是将三者险中“被保险人、驾驶人的家庭成员人身伤亡”列入保险责任。

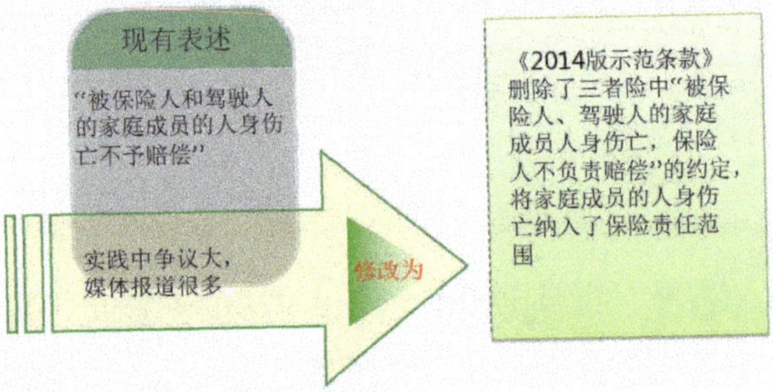

图 7-12 第三者责任险的主要变化点

7-472 第三者责任险修改的内容有哪些？

第三者责任险修改的内容见表7-7。

表 7-7 第三者责任险修改的内容

内容	2009版条款	2014版示范条款	区别
责任免除	第七条 下列损失和费用，保险人不负责赔偿： （一） 被保险机动车发生意外事故，致使第三者停业、停驶、停电、停水、停气、停产、通讯或者网络中断、数据丢失、电压变化等造成的损失以及其他各种间接损失 （二） 精神损害赔偿 （三） 因污染（含放射性污染）造成的损失 （四） 第三者财产因市场价格变动造成的贬值、修理后价值降低引起的损失 （五） 被保险机动车被盗窃、抢劫、抢夺期间造成第三者人身伤亡或财产损失	第二十六条下列人身伤亡、财产损失和费用，保险人不负责赔偿： （一）被保险机动车发生意外事故，致使任何单位或个人停业、停驶、停电、停水、停气、停产、通讯或网络中断、电压变化、数据丢失造成的损失以及其它各种间接损失 （四）被保险人、被保险人允许的驾驶人、本车车上人员的人身伤亡 （五）停车费、保管费、扣车费、罚款、罚金或惩罚性赔款 （六）超出《道路交通事故受伤人员临床诊疗指南》和国家基本医疗保险同类医疗费用标准的费用部分 （七）律师费，未经保险人事先书面同意的诉讼费、仲裁费	1、增加了（四）、（五）、（六） 2、免责部分加入了“律师费”

7-473 车上人员责任险修改的内容有哪些?

车上人员责任险修改的内容见表7-8。

表 7-8 车上人员责任险修改的内容

内容	2009版条款	2014版示范条款	区别
责任免除	第五条　被保险机动车造成下列人身伤亡，不论在法律上是否应当由被保险人承担赔偿责任，保险人均不负责赔偿： （二）被保险人及驾驶人以外的其他车上人员的故意、重大过失行为造成的自身伤亡	第四十二条下列人身伤亡、损失和费用，保险人不负责赔偿： （一）被保险人及驾驶人以外的其他车上人员的故意行为造成的自身伤亡 （四）罚款、罚金或惩罚性赔款	1、原为“故意、重大过失行为造成的自身伤亡” 2、增加“罚款、罚金或惩罚性赔款”

7-474 车上人员责任险的最新示范条款主要变动有哪些?

车上人员责任险责任免除变化方面，由于在保险责任中已经明确定义“车上人员”，故删除“车上人员在被保险机动车车下时遭受的人身伤亡”的约定。如图7-13所示，将“车上人员在被保险机动车车下时遭受的人身伤亡”列为保险责任。其他与第三者责任险相同的修订：驾驶证问题、教练期间、诊疗标准、诉讼仲裁费、兜底条款、逃离事故现场等。

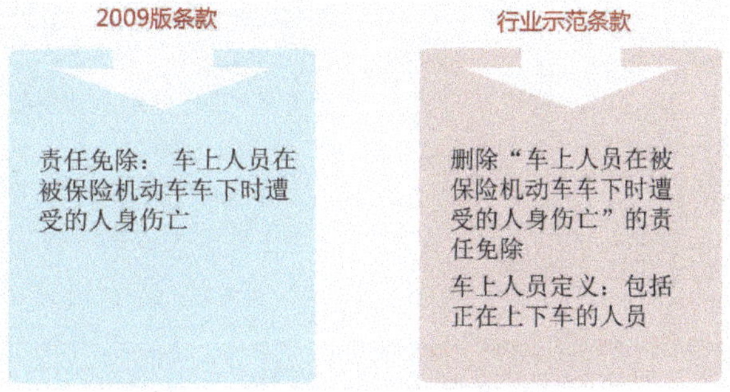

图 7-13　车上人员责任险的主要变化点

7-475 全车盗抢险示范条款主要变动有哪些?

全车盗抢险示范条款主要变动体现在盗抢险责任免除变化方面。

删除“驾驶人饮酒、吸食或注射毒品、被药物麻醉后使用被保险机动车”时保险人不负责赔偿的约定。

删除“除另有约定外，发生保险事故时被保险机动车无公安机关交通管理部门核发的行驶证或号牌，或未按规定检验或检验不合格”时保险人不负责赔偿的约定。

删除“租赁机动车与承租人同时失踪”时保险人不负责赔偿的约定。如图7-14所示，将“租赁机动车与承租人同时失踪”列为保险责任。

删除“教练期间”导致的事故责任。

删除兜底条款。

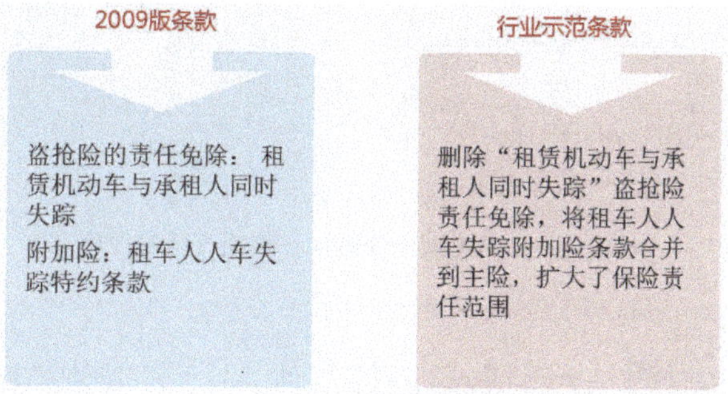

图 7-14　全车盗抢险的主要变化点

7-476 自燃损失险修改的内容有哪些?

自燃损失险修改的内容见表7-9。

表 7-9 自燃损失险责任险修改的内容

内容	2009版条款	2014版示范条款	区别
保险责任	因电器、线路、供油系统发生故障及所载货物自身原因起火燃烧造成保险车辆的损失，保险人负责赔偿	（一）保险期间内，指在没有外界火源的情况下，由于本车电器、线路、供油系统、供气系统等被保险机动车自身原因或所载货物自身原因起火燃烧造成本车的损失 （二）发生保险事故时，被保险人为防止或者减少被保险机动车的损失所支付的必要的、合理的施救费用，由保险人承担；施救费用数额在被保险机动车损失赔偿金额以外另行计算，最高不超过本附加险保险金额的数额	增加“保险期间内，在没有外界火源的情况下”。（二）发生保险事故时，被保险人为防止或者减少被保险机动车的损失所支付的必要的、合理的施救费用，由保险人承担；施救费用数额在被保险机动车损失赔偿金额以外另行计算，最高不超过本附加险保险金额的数额
责任免除	（一）引起自燃事故的电器、线路、供油系统自身的损失 （二）所载货物自身的损失	（一）自燃仅造成电器、线路、油路、供油系统、供气系统的损失 （二）由于擅自改装、加装电器及设备导致被保险机动车起火造成的损失 （三）被保险人在使用被保险机动车过程中，因人工直接供油、高温烘烤等违反车辆安全操作规则造成的损失	1. 增加由于擅自改装、加装电器及设备导致被保险机动车起火造成的损失 2. 增加被保险人在使用被保险机动车过程中，因人工直接供油、高温烘烤等违反车辆安全操作规则造成的损失 3. 删除所载货物自身的损失

7-477 示范条款附加险中自燃损失险的变化点是怎样的?

示范条款附加险中自燃损失险的变化点如图7-15所示。

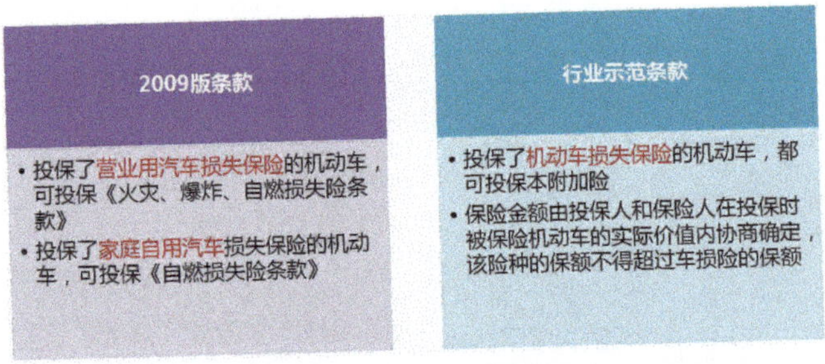

图 7-15 示范条款附加险中自燃损失险的变化点

7-478 车身划痕损失险的责任免除做了哪些修改?

车身划痕损失险的责任免除的修改新增两条。

1）因投保人、被保险人与他人的民事、经济纠纷导致的任何损失。

2）车身表面自然老化、损坏，腐蚀造成的任何损失。

7-479 示范条款附加险中发动机涉水损失险的变化点是怎样的?

示范条款附加险中发动机涉水损失险的变化点如图7-16所示。在保险责任中将在积水路面涉水行驶和在水中起动修改为在使用过程中。本次赔偿的绝对免赔率由20%下降为15%。

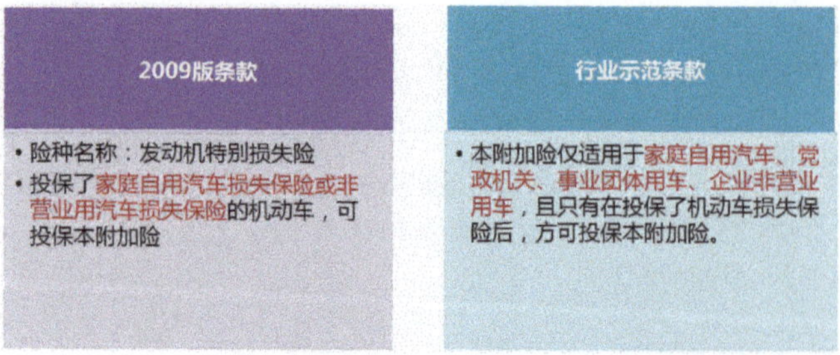

图 7-16 示范条款附加险中发动机涉水损失险的变化点

7-480 示范条款附加险中车上货物责任险责任免除的修改是怎样的？

附加险中车上货物责任险责任免除的修改增加两条。

1）保险事故导致的货物减值、运输延迟、营业损失及其他各种间接损失。

2）法律、行政法规禁止运输的货物的损失。

7-481 示范条款附加险中修理期间费用补偿险的变化点是怎样的？

示范条款附加险中修理期间费用补偿险的变化点如图7-17所示。

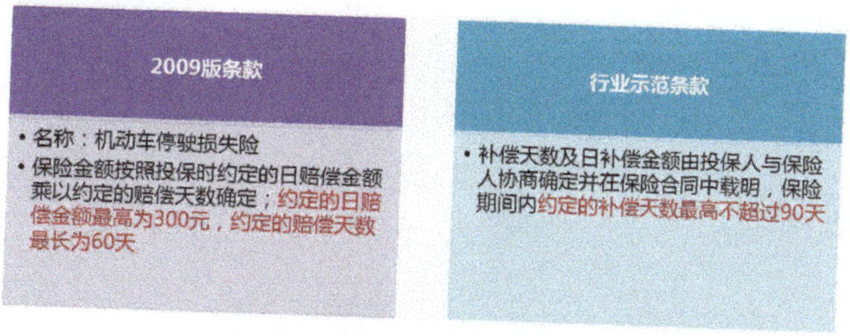

图 7-17 示范条款附加险中修理期间费用补偿险的变化点

7-482 示范条款附加险中精神损害抚慰金责任险的变化点是怎样的？

示范条款附加险中精神损害抚慰金责任险的变化点如图7-18所示。适用范围由商三险附加险扩展到商三险或者是车上人员责任险；绝对免赔率从无到20%。

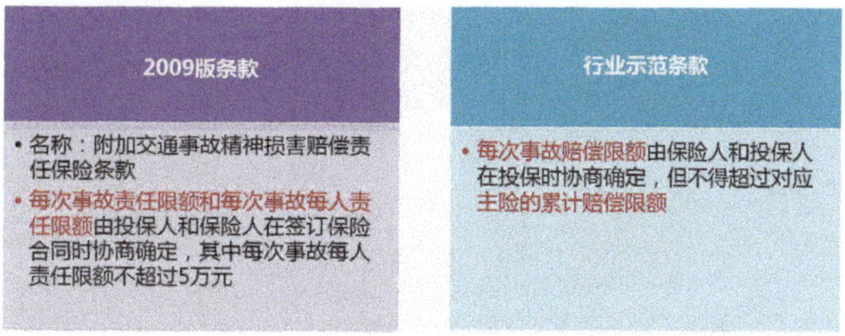

图 7-18 示范条款附加险中精神损害抚慰金责任险的变化点

7-483 示范条款的不计免赔率条款适用范围有哪些扩展？

示范条款的不计免赔率条款适用范围扩展如表7-10所示。

表 7-10 示范条款的不计免赔率条款适用范围扩展

适用的险种	不计的免赔率	不计免赔不涉及的免赔率
车损险	按照责任比例5%，10%，15%，20%	被保险机动车的损失应当由第三方负责赔偿，无法找到第三方的，实行30%的绝对免赔率；另新增附加险：无法找到第三方特约险违反安全装载规定、但不是事故发生的直接原因的，增加10%的绝对免赔率 对于投保人与保险人在投保时协商确定绝对免赔额的，本保险在实行免赔率的基础上增加每次事故绝对免赔额
第三者责任险	按照责任比例	违反安全装载规定的，实行10%的绝对免赔率
车上人员责任险	按照责任比例	
全车盗抢险	20%绝对免赔率	发生全车损失，被保险人未能提供《机动车登记证书》、机动车来历凭证的，每缺少一项，增加1%的绝对免赔率
车身划痕险	15%绝对免赔率	
自燃损失险	20%绝对免赔率	
新增设备损失险	按照责任比例	
发动机涉水损失险	15%绝对免赔率	
车上货物责任险	20%绝对免赔率	
精神损害抚慰金责任险	20%绝对免赔率	

7-484 示范条款的费率计算有哪些变动？

示范条款的费率计算变动见图7-19。

2009版条款费率结构	2014版示范条款费率结构
标准保费行业统一	基准风险保费行业统一，使用平台返回数据
费率修正系数使用很随意灵活	费率修正系数只有4个，有两个是公司自主使用的调整系数
最大折扣幅度不允许超过7折，电网销给予85折额外优惠	取消7折限令，电网销不再给予85折额外优惠
7折以内随意性很大	折扣空间放开，但规则更明确

图 7-19 示范条款的费率计算变动

7-485 商业车险保费费率结构及组成是怎样的？

商业车险保费费率结构及组成如图7-20所示。

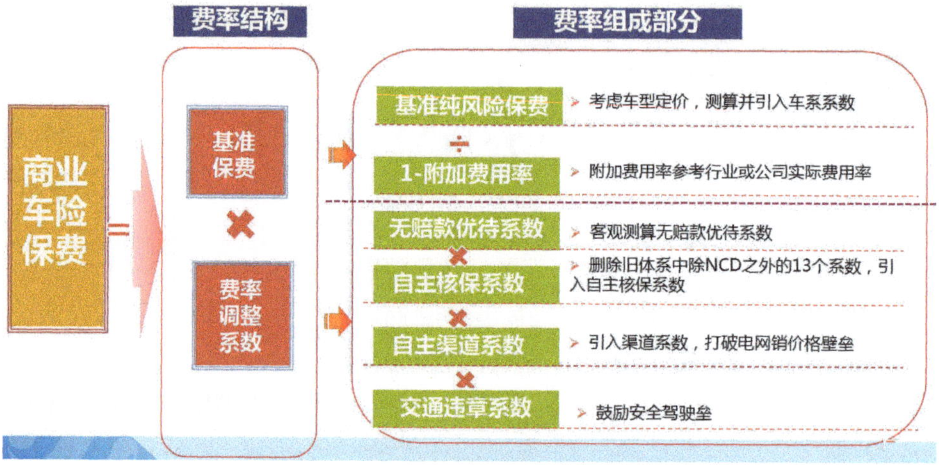

图 7-20 商业车险保费费率结构及组成

7-486 车损险标准保费引入车型定价是怎么回事？

车损险标准保费中引入车型定价，整体车损险费率水平基本不变。车型定价：即以车型作为差异化定价因子，即一个车型一个保费，取代目前一个车价一个保费的情形。车损险费率中引入车型定价，即车损险基准纯风险保费（考虑车型系数，定期调整）

实现方式：如图7-21所示，投保人提供车型，保险公司直接查询车型车价库对应的风险保费。考虑到现阶段的可操作性，车型分类细化至车系，在车型定价方面迈出第一步。

图 7-21 车型定价的细化

7-487 投保前保险人须履行哪些告知义务？

1）新增点。关于免除保险人责任的条款内容必须在投保单上作出足以引起投保人注意的提示，并对该条款的内容以《机动车辆保险免责事项说明书》（图7-22）等形式向投保人作出明确说明。提示投保人阅读条款，尤其是责任免除部分，并请投保人在《免责事项说明书》的“投保人声明页”的方格内，手书免责事项说明书列明的文字“保险人已明确说明免除保险人责任条款的内容及法律后果”并签名（或盖章），随后保险公司需收回“投保人声明”页，与其他投保资料一并存档。

2）优化点。保险人在履行如实告知义务时应客观准确全面，实事求是，不能故意隐瞒关键信息误导客户。

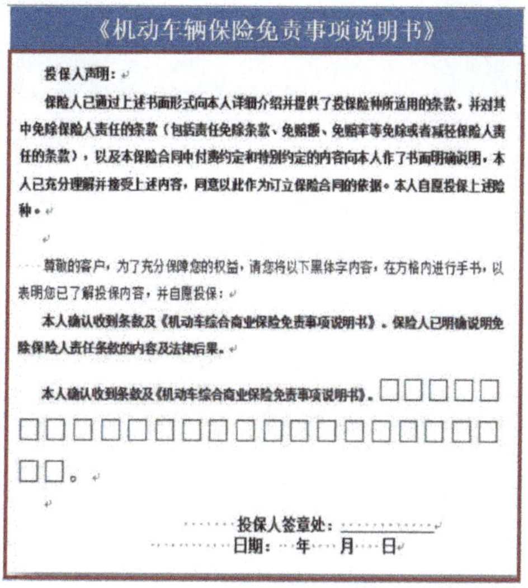
《机动车辆保险免责事项说明书》

投保人声明：

保险人已通过上述书面形式向本人详细介绍并提供了投保险种所适用的条款，并对其中免除保险人责任的条款（包括责任免除条款、免赔额、免赔率等免除或者减轻保险人责任的条款），以及本保险合同中付费约定和特别约定的内容向本人作了书面明确说明，本人已充分理解并接受上述内容，同意以此作为订立保险合同的依据。本人自愿投保上述险种。

尊敬的客户，为了充分保障您的权益，请您将以下黑体字内容，在方格内进行手书，以表明您已了解投保内容，并自愿投保：

本人确认收到条款及《机动车综合商业保险免责事项说明书》。保险人已明确说明免除保险人责任条款的内容及法律后果。

本人确认收到条款及《机动车综合商业保险免责事项说明书》。□□□□□□□□□□□□□□□□□□□□□□□□□□□。

投保人签章处：

日期：　年　月　日

图 7-22　机动车辆保险免责事项说明书

7-488 保险人通过哪些方式履行说明义务？

保险公司通过本公司官方网站显著位置设置商业车险条款、本公司创新性车险条款及配套免责事项说明书的链接，并在营业场所提供书面材料，供投保人阅读、使用（图7-23）。

• 新增点：

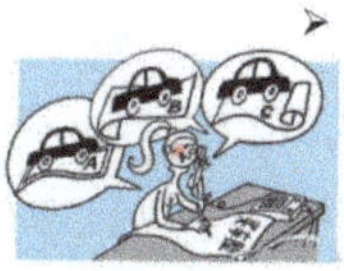

➢ 传统渠道或电话投保：

- 营业场所提供书面材料提供投保人阅读和使用
- 保险人通过口头告知方式履行说明义务，并由投保人通过签订投保单及《机动车综合商业险免责事项说明书》的形式进行明确。

➢ 网络投保：

- 应通过网页向投保人展示商业车险条款及《机动车辆保险责任免除说明书》电子版有关内容，经投保人阅读、收听或收看并点选“保险人已明确说明条款内容、免除保险人责任条款的含义及其法律后果”后，方可进入保险合同订立后续流程。

图 7-23　履行说明义务的方式

7-489 哪些情况下保险人应提示投保人履行告知义务？

保险人应提示投保人履行告知义务的情况如图7-24所示。

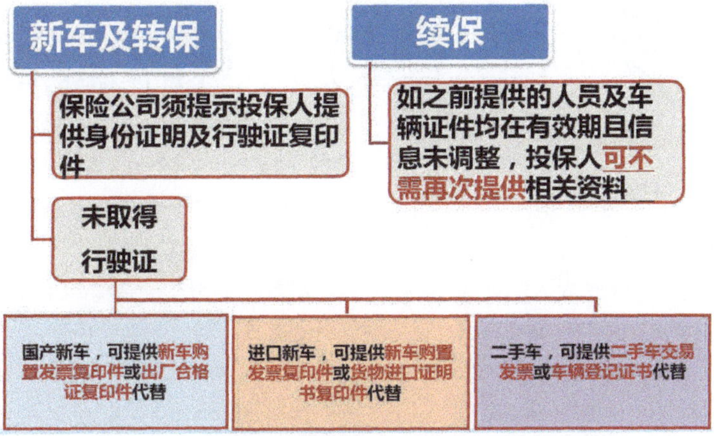

图 7-24　保险人应提示投保人履行告知义务的情况

第二节 车险新政带来的实惠

7-490 2016 年车险费改新政有哪些新措施？

（1）保险责任扩大

之前，车辆没有挂牌时若出了事故，是不在保险责任范围内的，改革后，即便是没有挂牌，也可以获赔。

（2）保险公司可先赔

当车主遭遇交通事故时，若交警判定对方全责，但对方以各种理由拒绝赔钱，则可以让自己的保险公司先行赔付，然后由保险公司负责向对方追偿。

（3）冰雹台风也能赔

根据新的合同条款规定，驾驶人的家人也列入了第三者责任险的赔付范围。冰雹、台风、暴雪等自然灾害和所载货物、车上人员意外撞击导致的车损也可以获得赔偿。

（4）费率与风险挂钩

在商业车险改革后，更加强调了风险与费率的挂钩（图7-25）情况，也就是风险越高的车主，要付出的保费就越高。而驾驶习惯好，不怎么出险的车主，就可以享受到更优惠的费率。

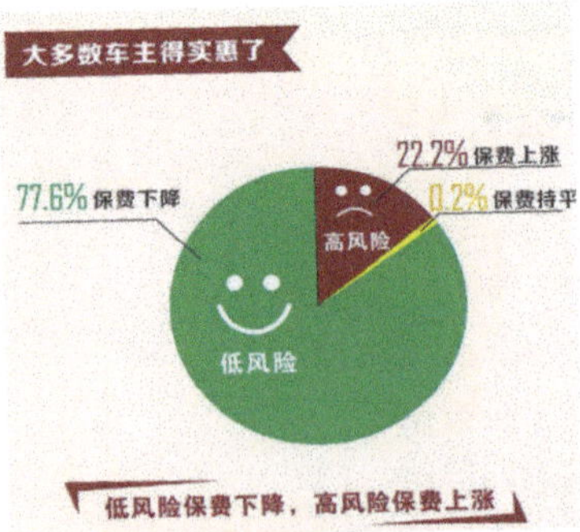

图 7-25 保险与风险挂钩

（5）出险频率有效降低

风险与费率实施挂钩以后，大多数人的驾驶习惯变得更加规范了。另外，从享受费率的角度出发，也有的车主对于小剐小蹭之类的事故主动选择不报案。6~8月之间，六个试点地区出险频率同比减少了26.5%。

7-491 2016 年车险费率改革后为何选车“不仅选品牌，还看费率表”？

车险费率改革方案运用了全国车险行业多年来的理赔数据，每一车型都会有一个费率表，也就是说，同一个品牌的车辆，不同车型的保险费率会不同。

以前赔付率较高的车型，市民在新车投保，或者在续保时，车险费率可能会比出险率低的车型高。广大购车人员注意的是：今后买车不要单凭感觉买哪个品牌的哪个车型，而要事先查看保险公司对该车型的费率表（表7-11）。在同价位的多款车型中，一定要选择费率相对低的车型。

表 7-11 车险费率表

出险情况	现行系数	建议方案	地板价系数(自主渠道自主核保均0.85系数)
连续三年不出险	0.70	0.60	0.43
连续两年不出险	0.80	0.70	0.51
上年不出险	0.90	0.85	0.61
新车（新承保）	1.00	1.00	0.72
上年出险1次	1.00	1.00	0.72
上年出险2次	1.00	1.25	0.90
上年出险3次	1.10	1.50	1.08
上年出险4次	1.20	1.75	1.26
上年出险5次及以上	1.30	2.00	1.45

7-492 2016 车险费率改革后开车“不任性驾驶，保费或五折”？

2016车险费率改革后对于连续3年甚至5年都没有出险的车辆，产险公司给出的车险优惠幅度可能会更大，拿到5折甚至更低的费率都有可能，反之，车险费率就有可能大幅度提高。

今后还可能将交通违章与车险费率挂钩。比如：闯红灯、乱停车等，都有可能影响续保价格。

提醒广大驾驶人朋友：今后开车千万不要任性，一要严格遵守交通规则，二要时刻做到安全行车，车险费率将改革可能影响你买车。

7-493 2016车险改革车险价格与驾驶人挂钩吗？

在这次改革中，还提出了一个“创新条款”——即支持和鼓励有条件的保险公司，根据大数据，共同拟定汽车保险的商业条款。目前改革中提出，在未来，保费应与驾驶人相对应。密切相关的有“驾驶人性别”“驾驶人学历”“违章记录”等。通过以上信息，各家保险公司就会根据自己的保费公式算出一个保费价格。通俗地讲就是，遵纪守法的驾驶人保费要比屡次违章、驾驶习惯恶劣的驾驶人低。

7-494 2016车险费率改革后同价位车型车险价格可以完全不同吗？

2016车险费率改革后消费者在买车时，除关注车型车价本身，最关注的可能就是这款车的“基础保费”是多少。“基础保费”来自于基于这款车汽车零部件更换价格的标准。如选购“基础保费”很高的汽车，无论你以后驾驶习惯多么优异，那你也必须承受这辆车的高保费。

7-495 2016车险新政车辆遇自然灾害受损怎样赔偿？

与以前条款相比，新车险明确规定冰雹、台风、暴雪等自然灾害以及车载货物、车上人员意外撞击所导致的车损可获赔偿，对于车辆损失，保险公司可以在车损险责任范围内赔付。因进水导致发动机损失，若投保了发动机涉水损失险，可以在该附加险责任范围内赔付。

7-496 2016车险新政自己人撞了自己人保险公司是否赔付？

新车险将被保险人家庭成员的人身伤亡列入第三者责任保险的责任范围。该事故中，车主的医疗费损失属于交强险和《车险示范条款》中第三者责任保险的保险责任。对于超出交强险责任限额的医疗费用，其可向保险公司申请在机动车第三者责任保险的责任范围内进行赔付。同时，新条款第四条约定，车上人员是指发生意外事故的瞬间，在被保险机动车车体内或车体上的人员，包括正在上下车的人员。

7-497 2016车险新政发生事故时新车未上牌或无行驶证保险公司是否赔付？

《机动车辆保险条款（2009版）》A条款将“发生保险事故时被保险机动车无公安机关交通管理部门核发的行驶证或号牌”列为车损险的责任免除，而新车险将该情形从责任免除中剔除，纳入车损险保险责任。发生该情形的车辆损失，保险公司可以在车损险责任范围内赔付。不过，发生保险事故时如果被保险机动车存在行驶证、号牌被注销，或未按规定检验、检验不合格等情形，则被保险车辆的损失属车损险的责任免除事项，保险公司不予赔付。

7-498 2016车险新政车辆停车受损保险公司如何赔付？

新车险中的车损险条款约定：被保险机动车的损失应当由第三方负责赔偿，无法找到第三方的，实行30%的绝对免赔率。如被保险机动车发生上述情形，保险人将从赔付金额中扣除30%。如果被保险人在投保车损险的同时，投保了《机动车损失保险无法找到第三方特约险》，可在此附加险项下得到本应自负的30%的赔款。

7-499 如何界定驾驶人饮酒及醉酒？

驾驶机动车时每100mL血液中含有的酒精量大于等于20mg，小于80mg的为饮酒驾驶；每100mL血液中含有的酒精量大于等于80mg时则为醉酒驾驶。新条款将酒后改成饮酒。

7-500 保险事故发生后，多长时间可以领到赔款？

保险人收到被保险人的赔偿请求后，应当及时做出核定；情形复杂的，应当在三十日内做出核定。保险人应当将核定结果通知被保险人；对属于保险责任的，在与被保险人达成赔偿协议后十日内，履行赔偿义务。保险合同对赔偿期限另有约定的，保险人应当按照约定履行赔偿义务。